家政学研究

HOME ECONOMICS RESEARCH No.3

U0213057

第 3 辑

河北师范大学家政学院
河北省家政学会 / 主　编

社会科学文献出版社
SOCIAL SCIENCES ACADEMIC PRESS (CHINA)

家政学研究

（第3辑）
2024年5月出版

·家政教育·

·会议综述·

CONTENTS

Academic Introduction

Talent Cultivation

Studies on the History of Home Economics

International Vision

Home Services Industry

Home Economics Education

Meeting Summary

家庭结构变化视角下的精神养老困境与对策分析

苑宇轩

（河北师范大学初等教育系，河北石家庄 050024）

摘　要： 随着中国家庭结构的变化，"精神养老"越发成为当今社会的一个突出问题。小家庭的生活方式加剧了代际分离，同时减少了子女与老人之间直接的情感交流，致使许多老年人陷入焦虑、恐慌、抑郁种种负面情绪。我国目前的养老制度仍然侧重于"经济养老"层面，如何建设一个行之有效的"精神养老"体系应作为今后养老工作的重点。该体系的建设，需要国家、社会以及家庭三方的共同努力，其核心目标是促进家文化的复归，最终任务则是令老年人老有所用、老有所教、老有所乐。

关键词： 家庭结构；精神养老；家文化

作者简介： 苑宇轩，文学博士，河北师范大学初等教育系讲师，主要研究方向为家庭教育、蒙学教育。

引　言

党的二十大报告指出，要"实施积极应对人口老龄化国家战略，发展养老事业和养老产业"①。国家统计局数据显示，截至 2019 年底，我国已有 60 岁及以上老年人口 2.54 亿，占总人口的 18%。预计至 2025 年，中国的老年人口多达 3 亿，2033 年突破 4 亿，而 2053 年的中国老年人口更达到 4.87 亿。因此，从目前以及未来的情况来看，中国已经快速步入老龄化

---

① 习近平：《高举中国特色社会主义伟大旗帜 为全面建设社会主义现代化国家而团结奋斗——在中国共产党第二十次全国代表大会上的报告》，《人民日报》2022 年 10 月 26 日，第 5 版。

社会。老年人口的基数大、增速快，各地老年人口生活质量的不平衡，将构成中国的基本国情以及社会总体发展趋势。基于此，如何解决人口老龄化所带来的多重社会矛盾便是养老工作的重点所在。将应对人口老龄化上升到国家战略层面进行考量，事关国家发展的大局，也事关百姓的生活福祉，是中国共产党坚持"以人民为中心的发展思想"的集中体现。改革开放以后，经过40余年的发展，中国已经形成了多层次、多支柱、立体化、可持续的养老体系，建立了全世界最大的基本养老保险制度，实现了数千年来中国人"老有所养"的理想愿望。但是，伴随改革事业的持续深入，中国家庭结构中的代际分离倾向也越发显著。加之20世纪八九十年代出生的人大多数为独生子女，一旦他们远离原生家庭而追逐自己的事业与生活，便会引发"空巢老人"现象的加剧。无论是在城市还是在农村，这种现象都早已有之，且有愈演愈烈之势。老年人虽然能够保障自身的基本生活需要，但是因缺乏必要的情感交流与人文关怀而面临被社会边缘化的风险。在这样的情形下，"养老"绝不仅仅是给予老年人经济上的支撑，更重要的是给予其心灵上的愉悦。本文的主旨在于揭示"精神养老"的必要性，进而为精神养老体系的建设提供方法策略。

一 中国当前的家庭结构

家庭结构的小型化，是当前中国社会发展中的一大突出问题，也是我们需要加强"精神养老"的根本原因。"现代化理论认为，在工业化和城市化进程中，家庭规模和复杂性都随之降低；传统的扩展家庭将会被现代的、独立的核心家庭所取代（Goode，1963），家庭结构趋同（McDonald，1992）。"① 家庭结构的核心是家庭成员，这些成员通过一定的组合方式，相互作用、相互影响，最终形成了一个相对稳定的组织模式。家庭结构的要素有两方面：一是家庭的人口数量以及规模，二是家庭成员之间的代际层次以及亲属关系。所谓家庭的代际层次，指的是家庭代际数，也

---

① 杨菊华、何炤华：《社会转型过程中家庭的变迁与延续》，《人口研究》2014年第2期。

即一个家庭由几代人构成。下面，我们将通过分析第五至七次全国人口普查数据，以表格的形式展现中国家庭人口规模、代际层次变动的基本趋势。

表1反映的是2000年、2010年以及2020年三次人口普查的平均家庭户规模数据。"平均家庭户规模"指的是全社会的平均家庭人口数量，该指标能够最直观地反映出中国家庭规模的发展趋势。从表1中可以看出，2000年，我国平均每户家庭拥有人口3.44人，至2010年已经下降到了3.10人，而到了2020年更是跌至2.62人。20年间，中国的平均家庭户规模下降了23.8%，显现出"三口之家"向"两口之家"转变的趋势。

表 1　平均家庭户规模

单位：人

年份	平均家庭户规模
2000	3.44
2010	3.10
2020	2.62

资料来源：本文所有表格数据皆来源于国家统计局第五至七次全国人口普查。

表2反映的是更为具体的家庭户规模，该数据能够体现出所有户规模的家庭户数占全国总家庭户数的比重。通过表2能够清晰地发现具体的家庭户规模变化。首先，一人户、二人户的占比持续走高。2000年第五次全国人口普查时，一人户的占比仅为8.30%，到2020年，一人户占比飙升至25.39%。2000年，二人户占比为17.04%，2020年二人户占比则达到了29.68%，成为占比最高的家庭户规模类型。其次，三人户的占比不断下跌，已经不再是最主要的家庭户形态。2000年，三人户占比重高达29.95%，对比其他家庭户类型占据绝对优势。2010年三人户的占比有所下降，但仍然达到了26.86%，依旧是所有家庭户类型中占比最高的。然而到了2020年，三人户的占比暴跌至20.99%，且一人户以及二人户所占比例均超过了三人户。最后，四人及以上人口的家庭户类型占比连续下滑。2000年，四人及以上人口的家庭户共同占比44.71%，2010年这一比例为34.22%，到2020年则只有23.93%。上述变化不仅意味着中国家庭

户的规模在不断缩减，也表明家庭的代际层次趋于简单化。

表 2 家庭户规模

单位：%

年份	一人户	二人户	三人户	四人户	五人户	六人户	七人户	八人户	九人户	十人及以上户
2000	8.30	17.04	29.95	22.97	13.62	5.11	1.82	0.68	0.27	0.24
2010	14.53	24.37	26.86	17.56	10.03	4.20	1.43	0.56	0.23	0.21
2020	25.39	29.68	20.99	13.17	6.17	3.06	0.93	0.32	0.13	0.15

通过表 1 与表 2 的对比分析，可以发现两方面结果。第一，中国的家庭不断朝"小型化"的方向发展。平均家庭人口数量减少，以及一人户占比不断升高的主要原因是出现了家庭少子化、青年独居化、老人空巢化以及家庭成员居住分离化等种种社会现象。第二，中国家庭的代际层次呈现持续缩减的态势。在传统社会中，人们往往以四世同堂或五世同堂为荣。一般来说，当时的家庭三代户比较常见，四代及以上户则被视为大家族。而想要形成一个三代户，其家庭成员的规模至少需要三人（祖辈、父辈、子辈）。但从 2020 年的统计数据来看，一人户与二人户所占比例已经达到了 55.07%，且三人户中大多数为父母与子女所形成的二代户。这就表明当代中国社会三世同堂的现象已经十分少见了，四世同堂以及五世同堂则更为少有。

家庭的小型化以及代际层次的简单化，致使独居空巢老人或只有老年夫妻二人所组成的家庭大量出现，有表 3 至表 5 为证。

表 3 全国拥有 60 岁及以上人口的家庭户数统计

单位：户，%

年份	总家庭户数	拥有至少一个 60 岁及以上人口的家庭户数	拥有 60 岁及以上人口的户数占总家庭户数比重
2010	401934196	122941578	30.59
2020	494157423	174447507	35.30

注：2000 年人口普查时未统计拥有 60 岁及以上人口的户数，只统计了 65 岁及以上的，故表 3 至表 5 仅对比 2010 年与 2020 年两个年份的数据。

表4 60岁及以上老人独居、只有夫妻同居情况统计

单位：户，%

年份	拥有60岁及以上人口的总户数	60岁及以上老人独自居住的户数	只有一对60岁及以上夫妇居住的户数	60岁及以上老人独居、只有夫妻同居比例
2010	122941578	18243921	21890227	32.64
2020	174447507	37290029	40903152	44.82

表5 60岁及以上老人与未成年人共同居住情况统计

单位：户，%

年份	有一个60岁及以上老人与未成年人共同居住户数	有两个60岁及以上老人与未成年人共同居住户数	60岁及以上老人与未成年人共同居住比例
2010	1335063	1817526	2.56
2020	2059380	2830474	2.80

　　根据国家对老龄化人口的定义，60岁及以上的人即是老年人。通过表3可以得知，2010~2020年，中国至少拥有一个60岁及以上老年人的家庭户数显著提升，拥有60岁及以上人口的家庭户数占总家庭户数的比重则从30.59%上升到了35.30%，这从另一个角度印证了我国正快速步入老龄化社会的基本事实。根据表4可知，2010年在拥有60岁及以上老年人口的家庭户中，老年人独居或只有老年夫妻同居的比例占到了32.64%，也就是说当时有近1/3的拥有老年人口的家庭没有子女一辈随时照料。到了2020年，这一数据上升到了44.82%，这意味着超过四成的拥有老年人口的家庭缺少年轻一代。表5是老年人与未成年人共同居住情况的统计，2010年老年人与未成年人共同居住比例为2.56%，2020年则为2.80%。之所以会造成老年人与未成年人共同居住的现象，绝大部分原因是未成年人的父母因为工作需要，不得不将孩子长期托付给老人进行照看。当然，也不排除未成年人的双亲均亡故的情况出现，只是这种现象还属少数。老年人与未成年人共同组成的家庭称为"隔代直系家庭"，该家庭类型所占比例虽仍然较小，但已经出现上升的迹象。如果将目前60岁及以上老年人的独居、同居或与未成年人共同居住的数据进行相加，则共有47.62%拥有老年人口的家庭户中无18~59岁年龄段的人。可以说，当今中国社会有

将近一半的老年人口家庭户出现了"代际分离"或"代际隔断"现象。这些老年人或是独自居家，或是仅有伴侣的陪伴，或是与孙辈共同居住，他们与自己的子女缺少最直接的交流以及情感沟通。

二 "家" 文化的缺失以及"精神养老" 的必要性

德国社会科学家斐迪南·滕尼斯认为，"家庭"是血缘共同体的基本单元，其建立在亲属之间的情感联结上，"普通的人……如果处在家庭的氛围中，为家人所环绕，享受天伦，他会感到最舒服和最快活"。① 在这种理论的阐释中，"家庭"的本质就是以血缘亲属关系而组成的一种"爱"的共同体。每个家庭成员在共同体中都能感觉到亲人的爱意，也由此形成了他们对"家"的认同感与归属感。当代社会学者王跃生则对"家庭"下过这样的定义："它是由具有主要扶养义务和财产继承权利的成员所形成的亲属团体与经济单位。"② 这一定义将"家庭"分成了两个部分，即"亲属团体"与"经济单位"。从成员之间所具有的相互扶养义务来看，"家庭"是一个亲属团体，而从成员之间拥有的财产继承权利来看，"家庭"又是一个经济单位。滕尼斯与王跃生的观点分别从不同侧面揭示了"家庭"的本质，前者强调亲情的根本来源，后者则更为重视家庭成员之间履行的权利和义务。事实上，子女之所以会对父母进行奉养，就是受到了"情感"与"权利义务"两方面的驱动。一方面，子女与父母存在天然的血脉联结，这种联结经过双方长期的共同生活又升华为彼此之间牢不可破的情感依赖；另一方面，父母在其子女尚未成年时，对其经济、生活享有支配权，这便导致子女与父母之间存在客观的人身依附关系，这种关系在子女成年、父母老去之后会逐渐发生转换，促使子女履行赡养父母的义务。传统的复合家庭采用"同居共爨"的组织模式，在成员相处上，子女即使在成年后也会与父辈、祖辈继续生活；在经济分配上，复合家庭则实

---

① 〔德〕斐迪南·滕尼斯：《共同体与社会——纯粹社会学的基本概念》，林荣远译，商务印书馆，1999，第66页。
② 王跃生：《城乡家户、家庭规模及其结构比较分析》，《江苏社会科学》2020年第6期。

行共有财产制。在这样的组织模式中，父辈与子辈均会让渡部分权力，以维护整个共同体的和谐稳定。

钱穆先生曾经说过："中国文化，全部都从家族观念上筑起，先有家族观念乃有人道观念，先有人道观念乃有其他的一切。"① "家文化"是中国文化的基础。《论语·学而》云："孝弟也者，其为仁之本与。"② 意即做人的根本首先在于孝亲敬长、友爱兄弟。唐代学者孔颖达在注释《诗经·关雎》篇时则说："以夫妇之性，人伦之重，故夫妇正则父子亲，父子亲则君臣敬。"③ 儒家伦理哲学中的"孝悌"观念是人伦之首，一个人只有首先做到"入则孝，出则悌"④，才能正确处理自己与家人之间的关系，实现父子、夫妻以及兄弟之间的互爱互敬。而君臣关系，实际上只是家族关系的延伸，这种延伸亦是以"孝悌"观念为基础的。

如果说传统的中国社会的基础构筑在复合型的大宗族之上的话，那么当代中国社会已经消解了宗族的影响。家庭人口规模的减少以及家庭代际层次的分离，是中国社会深刻变革的一个表征，但同时也是家文化缺失的具体表现。晚清以来，中国的家庭结构已逐渐由"大宗族"向"小家庭"转变，小家庭以三口之家为其主流形态。但是，2000~2020年，中国的家庭结构又经历了从"三人户"到"二人户""一人户"的剧烈变动。也就是说，我们用了百余年的时间，消解了曾经的复合型大宗族结构，却用了短短20年时间就基本实现了由"三人户"向"一人户""二人户"的转变。传统的大宗族中，由于家族族长握有绝对的权威，家庭上下形成了等级森严的秩序体系，也由此孕育了中华民族的"孝道"文化。到了"三人户"家庭的时代，家庭成员之间的代际关系虽然较以往简化了许多，但毕竟能够维持"父—子"这对核心的代际亲属关系，依旧保存了作为"家"的基本形态。然而从目前的家庭结构来看，随着"一人户""二人户"比

---

① 钱穆：《中国文化史导论》（修订本），商务印书馆，1994，第51页。
② （魏）何晏注，（宋）邢昺疏《论语注疏》，北京大学出版社，2000，第4页。
③ （汉）毛亨传，（汉）郑玄笺，（唐）孔颖达疏《毛诗正义》，北京大学出版社，2000，第5页。
④ （魏）何晏注，（宋）邢昺疏《论语注疏》，北京大学出版社，2000，第8页。

例的攀升，"家"的基本形态也被破坏了。在统计家庭人口数据时，个人独居虽仍然会被列为一户，但事实上这个所谓的"户"是缺乏完整家庭应具备的功能的，严格意义上来说，并不能称之为"家"。

除"离群索居"的现象日益严重以外，功利主义思维的崛起亦是破坏"家"文化的又一重要因素。前文已述，在传统的复合式家庭中，家族成员没有完全独立的经济支配权。但是在当代社会，每一个有劳动能力的成年人都拥有自由支配财产的权利，这意味着他们对自己的合法收入享有占据、使用、收益以及处置等权利。即便是老年人也能够自由支配退休金、养老金等收入，这就在很大程度上隔断了子辈与父辈在经济上的相互往来。相比于在"情感"方面的代际分离，父母与子女在经济上的各自独立更容易降低双方的依赖心理。如今不少人将赡养父母视为累赘，只让其充当照顾孩子的"工具人"，而父母也担心拖累子女，以至于在平常不敢"麻烦"他们，只在逢年过节或有重大事情时才会让子女"回家看看"。"现代化是一个'离家出走'的过程，故现代社会科学也表现出远离'家'而拥抱个人主义的倾向。"① 在彰显个人主义、寻求自我价值最大化的今天，"家庭"似乎正在被人们逐渐漠视。中国传统的以家为本位的秩序结构也就随之被打破了，"家"不再被视为一个联结个人与国家的公共空间，而是变成了厚植情感与温暖的私人场域。这种变化虽然将个人从传统家庭的桎梏中解放了出来，却也造成了自我身份认同的缺失。由于"私"的语境被无限放大，"公"的权利被侵占，年轻的子辈往往带着"家庭革命"式的理念试图宣扬自己的价值观，他们以"反传统""民主"为旗帜，志在将个人主义精神渗透至家庭生活之中，并最终希冀摆脱父母的影响与控制。在天赋人权等观念的作用下，当代家庭中的父母与子女处于相对平等的位置上，依托血缘礼法建立起的父母权威与家庭公共秩序正经受着巨大的冲击。在这样的情况下，当代家庭生活中的亲子关系逐渐失序，一方面，父母出于溺爱的心理对子女无原则地付出；另一方面，子女也无视父母的权威，而以平视的角度看待双方的关系，久而久之便造成了

---

① 肖瑛：《"家"作为方法：中国社会理论的一种尝试》，《中国社会科学》2020 年第 11 期。

"父不父，子不子"现象的出现。诚然，这种变化有利于推动家庭生活的民主化进程，从而促进人的全面发展，但直到今天，中国仍然没有找到替代传统家庭秩序的模式，以至于相当多的家庭出现了身份错位。中国语境下的"家"不仅是构成传统文明的制度和伦理底色以及文化—心理结构基础，还为不同世代的中国人提供了安身立命的价值基础。但是，随着"家"的消解，中国传统的价值观念也就一去不复返。

本文在此讨论传统家文化的式微，无意引导中国家庭复归于大宗族的组织结构。在社会转型的背景下，中国家庭变迁呈现家庭结构核心化、夫妻关系重要化、亲属关系松散化、家庭生活多元化等现代个体主义特征。[1] 家庭结构的小型化、简单化是社会发展的客观规律，亦是文明进步的象征，但这一过程必然会导致一定程度上人际关系的疏离以及家庭责任意识的淡薄。本文所要强调的是，在当下家庭结构变动中，老年人被"边缘化"的问题日渐突出。他们既不能像青壮年劳动力那般在经济发展上继续做出贡献，也不能像传统时期那般作为权威的象征维系对家族的主导权。当年轻一辈高扬理想旗帜、追逐自我价值最大化时，老年人已经渐趋被社会"淘汰"了。他们并不缺乏经济来源，却越发与整个时代脱节，这便致使老年人口易因负面情绪发生多重问题。因此，如何根据现有的家庭结构以及社会发展状况，解决老年人的精神生活问题，应是目前养老工作一大重心。

三　家庭结构变化下的精神养老对策分析

"对于当下正在经历社会转型的中国人而言，人们的核心养老观念并没有发生根本上的裂变，但中国人的总体养老观念也出现了一些新的重大变迁：子代养老内涵发生变化，'独立养老'观念逐渐形成，日渐注重精神养老，更加期盼制度支持。"[2] 由"物质养老"转向"精神养老"，是我国养老观念的变化趋势，但是目前精神养老体系的建设，显然无法满足人

---

① 李永萍：《家庭发展能力：理解农民家庭转型的一个视角》，《社会科学》2022 年第 1 期。
② 朱海龙、欧阳盼：《中国人养老观念的转变与思考》，《湖南师范大学社会科学学报》2015年第 1 期。

民群众日益增长的需求。

"精神养老具有固定的实现形式，兼具层次性与非层次性特征，其发展离不开社会的关注。"① 家庭结构的变动具有不可逆转性，仅仅依靠家庭的力量无法有效解决精神养老问题，而是需要进行多方统筹协调及综合调整。根据目前家庭结构的变动趋势，精神养老可从老有所用、老有所教、老有所乐三个方面展开，建立健全以政府为主导、以社会为依托、最终落实到个人及家庭的精神养老体系。

（一）创造老有所为、老有所用的社会氛围

所谓"老有所为""老有所用"，指的是探索多领域的适老化，为老年人提供更多的机会发挥余热。国家统计局数据显示，2023 年末我国拥有61.3%的适龄劳动人口。但到了 2050 年，这一数据将下降至 51.2%，届时可能会出现"一半人养另一半人"的景象。面对不可扭转的银发浪潮趋势，挖掘老年人口的可用价值，让已经退休的老年人继续为社会做出贡献是缓解局势的有效策略。这不仅可以缓解劳动力短缺的问题，而且可以帮助老年人重新融入社会，令其获得成就感、满足感，进而疏解其精神压力。然而，在当下的家庭结构中，老年人多是在家闲居无所事事，或是为忙碌子女看护下一代，虽不排除部分老人心甘情愿地享受离退休后的恬淡生活，但从总体而言，目前社会对老年人口的利用效率依旧处于较低水平。从家庭这一层面来说，子女应当充分尊重老人的意志与选择，支持并鼓励老人做自己真正想从事的事业，在保证其身体健康的前提下，助力老人继续发光发热。除了在家庭方面的努力，实现"老有所用"的关键环节，还在于政府的重视程度。首先，政府需要加强对舆论以及社会意识的引导，积极推进价值观念的转变，打消目前的老人"无用论"，让公众认识到老年人是一种潜在的社会资源。同时，政府需鼓励老年人在力所能及的情况下，积极参与到社会的建设事业中来，摆脱其思想束缚，为老年人口的再就业提供宽松而舒适的环境。其次，政府可以敦促有关部门加快落

---

① 陈昀：《城市老年人精神养老研究》，《武汉大学学报》（哲学社会科学版）2014 年第 4 期。

实关于老年人口再就业问题的"一揽子"计划，推动地方银发人才供需洽谈会、推介会的进行，并为再就业的老年人才提供适当的补助。只有当政府足够重视"老有所用"时，才能在全社会范围内形成尊老、敬老、用老的整体文化氛围。

如果说政府的角色是引领者的话，那么社会组织的角色就是具体的执行者，实现"老有所用""老有所为"，还需各社会团体、组织、企业、机构的共同努力。老年人自我价值的实现，离不开平台的助力。但目前来说，除行政事业单位会对一些老年人实施"返聘"政策以外，大部分的企业以及社会组织不大接受老年人口的聘用，主要原因是担心老年人的身体状况以及精神状态无法胜任繁重的工作。其实，老年人在职场中也具备一定的优势，如丰富的经验、相对过硬的技术以及较为宽广的人脉。倘若各类企业、社会组织能够根据自身情况对尚有工作能力的老年人进行遴选，并安排合适的岗位，便很有可能为自身效益的提高寻找到新的契机与突破口。

老年人的自我价值，除了通过再就业的方式实现，还可以通过参加各种文娱体育活动获得幸福感和自信心，从而缓解心理压力，乐享晚年时光。目前来说，老年人的文娱体育活动存在两大问题：一是场地与设施不足，二是组织程度较低。针对这两个问题，首先，政府要继续完善养老基础设施，在尚未有老年活动室、老年文化中心的地方加快建设，在已有老年活动中心的地方建立功能更完善、服务更周到的综合性活动中心；其次，社区可以定期举办文娱体育活动和比赛，提高文化活动的组织度，让老人获得更多的参与感以及成就感。

（二）推广老有所教、老有所学的发展理念

"老有所教"，指的是让老年人享受到适合其年龄特点的现代化教育。在家庭规模日渐缩小的今天，年轻一代与老年一代缺乏直接的沟通交流，这便致使老年人长期与社会发展脱节，跟不上时代的步伐与节奏。所以，进行老年人的再教育，令其充分融入现代社会，已然是精神养老工作中一个亟须攻克的难点。实现"老有所教""老有所学"，是推进健康老龄化社

会治理的有效手段之一。我国早在《中国老龄事业发展"十二五"规划》中便已经明确提出了"老有所教"的概念。在此处，"教"一字，其实包含了两方面的内容，既指拥有一定文化专业素养的老年人"教育"他人，也指老年人自觉接受有组织的学习活动。也就是说，"老有所教"本身就涵盖了"教"与"学"的双向互动。无论是在"教"还是"学"的过程中，都能为老年人形成积极、乐观、向上的情绪提供一个行之有效且长期稳定的环境。

要实现"老有所教""老有所学"，关键在于坚持一个理念，争取两个创新。"坚持一个理念"，指的是要坚持在全国范围内开办老年大学的理念，推动终身教育体制机制的完善。老年大学的建设，是"老有所教""老有所学"最直接的表现形式。20世纪80年代，中国便有多地兴办了老年大学，但截至目前，中国老年大学的数量仍然难以满足老年人口日益增长的文化和精神需求，同时，已有的老年大学也缺乏符合老年人特点的课程设计以及健全的知识理论体系。因此，坚持开办老年大学的理念，一是要在数量上下功夫，二是要在教授环节促发展。在增加老年大学的数量方面，除在全国范围内继续推广老年大学以外，政府可以利用网络平台的优势，整合相应文化资源，完善国家老年开放大学的建设，降低老人学习的门槛与难度。在教授环节方面，老年大学的管理者与教师团队需认真研究老年人的心理特征，制定出合理、丰富的课程，满足不同层次学员的文化需求。而"两个创新"则可以指向寻找"老有所教""老有所学"的新途径、新思路。老年大学的主要教育形式仍然以线下教育为主。面对信息化的时代潮流，还应大力发展远程式老年教育，利用短视频、媒体平台等形式打造老年教育终端，让更多老年人享受普惠式教育所带来的红利。

传统家庭当中的长辈之所以拥有权威，是因为其本身便是知识与技能的传授者。在古代信息传递不畅的情况下，知识的汲取更多依靠的是家学传承而非社会授予。长辈既是家庭情感的提供者，又是经验丰富的领导者，这使其在家族中享有崇高的声望。在德高望重的长者带领下，一个家庭中的子女将接受社会化的训练，并将优良家庭文化代代传袭。但是，随着现代科学技术的进步以及学校教育的发展，教育的空间由"家"移向了

"社会"，人们不再需要通过继承家学来获得必要的傍身技能，而是能够从多种不同的渠道中吸收人生发展的养分。在这样的情况下，家长的权威也就无形地被消解了。因此，实现"老有所教""老有所学"，不仅能让老年人重新审视自我价值，更是其再度社会化的过程，这一过程能够帮助老年人有效融入快速变迁的当代社会生活，也能让其赢得子女的尊重，从而营造出更加和谐有序的家庭氛围。

（三）引领老有所乐、老有所爱的价值共识

本文所说的"老有所乐"，不仅是指要让老年人拥有自己的娱乐活动，更是强调老年人需要精神以及文化上强有力的支撑。在当代家文化缺失的大背景下，引领社会达成老有所乐、老有所爱的价值共识，实现家文化的复归，是建设精神养老体系的重要途径之一。

"老有所乐"离不开家庭成员间的互相关照，天伦之乐是"老有所乐"的最高表现形式，只有建构稳定的家文化，才能增强家庭各成员的认同意识。中国传统家庭本身就是一个社会文化的综合系统，它依赖于一定的运行规则并不断地接受来自社会层面的文化洗礼。所以，古人要想完成"社会化"，首先要完成"家庭化"，家庭化的核心又在于接受一定的文化教育与家风熏习。习近平总书记指出，"不论时代发生多大变化，不论生活格局发生多大变化，我们都要重视家庭建设，注重家庭、注重家教、注重家风"。① 因此，弘扬新时代符合社会主义价值观念的家风、家教是引领"老有所乐""老有所爱"价值共识的关键所在，要做到这一点，可以从以下两个方面推进。

首先，在社会层面明确孝道的重要意义，宣扬孝文化在家庭、社会、国家发展中的关键作用。自古以来，以"孝"治国始终是中华民族的优良传统。孝道不仅指子女对家长的奉养，更是指一种文化传承方式。正是在"亲亲""尊尊"的原则中，个人的感情在家族空间内得到了涵养与升华，

---

① 中共中央党史和文献研究院编《习近平关于注重家庭家教家风建设论述摘编》，中央文献出版社，2021，第3页。

并最终转化为一个人适应社会的内生动力。因此，"孝"实际上是一切家文化与家庭活动的逻辑起点，家庭亲属间的互动，也必须时时遵循"孝"的要求。倘若不重视孝道在当今社会的传承，不厘清孝文化的重要性，那么精神养老也就失去了价值依托，成为无源之水、无本之木。

其次，加强传统文化在各级教育中的融入，尤其是要注重传统文化与思政教育相结合。习近平总书记多次强调，文化是一个国家、一个民族的灵魂。① 面对如今多元文化并存的局势，倘若不传承好中华优秀传统文化，并利用其中的文化资源，那么中国的"失语"现象便会越发显著，从而导致我国无法真正实现文化自信。家文化本身就是中华优秀传统文化的有机组成部分，其中所蕴含的人文精神是优秀传统文化在家庭层面的凝练与应用。但是从目前的情况来看，受西方个人主义、功利主义思潮的影响，我国教育的总体趋向仍然以实用性知识为主，人文素质教育以及人文精神培育不足。在这样的情况下，积极将中华优秀传统文化内嵌至社会的发展当中，利用优秀传统文化的丰富内涵，加强社会主义精神文明建设便是时代的应有之义，也是中国回应世界的必然选择。只有对中华优秀传统文化的理解更加深入，才能体会到"家"在中国人"文化—心理"结构中的核心地位，也才能更好地反思当今中国的家庭生活以及家庭结构，重新体会"家"对中华民族的意义。

除了在家风、家教的建构上要踔厉奋发，为"老有所爱"寻找现实的路径依托亦是重中之重。目前，随着学习压力、工作压力、生活压力的剧增，以及家庭结构的日益小型化，人们与原生家庭越发渐行渐远。这种疏离，不仅表现在空间上的分居，也表现在心理上的隔膜。当子女无法通过现实途径有效地表达自己的爱意时，"老有所乐"也就成了空中楼阁。因此，实现"老有所乐"和"老有所爱"，关键在于转变以"家庭养老"为主的养老方式，打造"居家养老"＋"社区养老"结合的智慧型养老方案。"家庭养老"和"居家养老"看似是一个概念，其实有着本质区别。

---

① 中共中央文献研究室编《习近平关于社会主义文化建设论述摘编》，中央文献出版社，2017，第16页。

"家庭养老"指的是由家庭成员作为养老资源提供者的养老模式。而"居家养老"指的是以家庭为核心，以社区为依托，对居家老人进行全面社会保障的一种新型养老方式。"居家养老"的地点虽然也在家庭内部，但是其养老资源的提供者已经从"家庭"过渡到了"社会"。"居家养老"是当前中国养老事业中的一个新兴模式，它符合当下中国家庭结构的变动趋势。由于家庭规模的小型化，"家庭"在未来必然无法成为养老资源的主要提供者。所以，社区对居家老人的上门服务便成为解决养老问题的重中之重。这不仅要求社区必须建立完善的养老服务体系，也要求养老服务人员必须具备相应的文化素养以及专业素养，以便更好地为老年人提供精神慰藉。在为老人提供上门服务的同时，社区也要努力完成敬老院、养老院的职能转化。它们不仅要作为收容老年人口的场所，而且应当作为宣扬敬老文化的主基地，在社会层面形成敬老爱老的示范效应。因此，理想的"老有所乐""老有所爱"状态，是通过让社会作为主要养老资源提供者的形式，建立居家上门服务与社区日托相结合的养老模式，改变目前单一化的养老服务体系，在社区范围内形成尊老文化，以期全面提高老年人的生活质量，让其身心得到宽慰、精神获得愉悦。此外，在目前子女压力大、回家难的总体局势下，搭建基于"互联网+"的家庭互动、互助平台也尤为重要。这不仅能为子女与父母的沟通交流开辟出一种新途径，而且能引导老年人口逐渐适应信息化网络时代的生活。在具体的实践模式上，远程家庭互动平台的建设可以参考目前较为成熟的家校互动机制，在优化家庭网络会议、适老化信息接发、远程家庭集体游戏等方面着重发力，让一个家庭即使相隔五湖四海，也能做到随时沟通、实时互动，令老年人口充分享受智能化社会带来的方便、快捷。

总而言之，建设精神养老体系是一项综合性的浩大工程，也是一个长期且艰巨的任务。要完成这一工作，就必须制定政府、社会、家庭三位一体的行动方案，在顶层设计结合微观实践的基础上，推进精神养老事业的全面铺开，最终实现老有所用、老有所教、老有所乐的具体目标。同时，当代家庭文化的建设亦是推进精神养老体系，只有让"家庭"的概念存在于社会成员的潜意识中，才能从根本上解决目前我国精神养老的困境，也才能令中国的养老事业实现长期、健康、稳定的可持续发展。

（编辑：王婧娴）

Mental Health Problems in Elderly Care and Countermeasures: A Perspective of Family Structure Change

YUAN Yuxuan

（Department of Primary Education, Hebei Normal University, Shijiazhuang, Hebei 050024, China）

Abstract: With the change in Chinese family structure, mental health for the elderly has increasingly become a prominent problem in today's society. The lifestyle of small families has aggravated intergenerational separation and reduced the direct emotional communication between children and the elderly, which has trapped many elderly people in various negative emotions such as anxiety, panic, depression, and loneliness. At present, the elderly care system in China still focuses on the economic level. How to build an effective mental health system for the elderly should be the focus of future elderly care effort. Such a system needs the joint efforts of the state, the society, and the family. The goal is to promote the return of the "family" culture, and the ultimate task is to make the elderly useful, educated, and happy.

Keywords: Family Structure; Mental Health for the Elderly; Family Culture

家政学学科的历史审视、现实定位与发展路径探析

陈　朋

[中华女子学院（全国妇联干部培训学院），北京 100101]

摘　要： 通过回顾美国家政学百年发展历史可以发现，日常生活的现代化决定了家政学产生的必然，现代社会对家庭生活的高质量要求是家政学发展的动力。借鉴美国经验，我国家政学学科发展要以新时代家庭观为指引，使学科发展主动融入中国式现代化建设实践，服务于新时代家庭家教家风建设，探索一条基于中国国情的学科发展道路。

关键词： 家政学；现代化；日常家庭生活；新时代家庭观；家庭建设

作者简介： 陈朋，中华女子学院（全国妇联干部培训学院）科研处副处长，教育学博士，主要研究方向为家政学、家庭教育。

家政学诞生于美国，从 19 世纪末 20 世纪初到现在已有百年历史。本文梳理了美国家政学学科发展的四个历史阶段，分析了家政学学科发展的内生性因素：日常生活的现代化决定了家政学产生的必然，现代社会对家庭生活的高质量要求是家政学发展的动力。在此基础上，厘清我国家政学学科发展的困境与对策，并提出家政学在我国新时代家庭家教家风工作中的重要价值和发展路径。

一　美国家政学学科发展的百年审视

美国家政学诞生于 19 世纪末 20 世纪初，自成立 100 多年来，为促进美国家庭现代化发展做出了积极的贡献。

（一）创立期

社会转型。从美国南北战争结束到 19 世纪末，被称为"镀金时代"。这是近代美国向现代美国转变的历史时期，其特征是从农业国向工业国转变、自由资本主义向垄断资本主义过渡。① 科学技术的迅速发展，导致了美国专业阶级的出现以及具体学科的专业化发展。② 在实用主义教育哲学的影响下，关注实用生产和生活技术的赠地学院获得快速扩张发展的机会。受 19 世纪中期第一次女权主义运动影响，一部分受过良好教育的中产阶级白人妇女认识到女性受压迫的状况，并从教育、工作、政治等方面为女性争取应有的权利。在多种因素的交织影响下，美国家政学学科应运而生。

高校发展。1869 年，艾奥瓦州立农业学院开设了家庭经济学（Domestic Economy）；1872 年，南达科塔州农业学院开创了家庭科学艺术（the Art of Household Science）的教学，并在 1885 年设置了四年制家庭经济学科学士学位；1899 年，俄勒冈农业学院创办了家庭经济与卫生（Household Economy and Hygiene）学院；1893 年，芝加哥大学开设了家庭管理（Household Administration）的课程，之后成立家庭管理系。家政学学科从一开始的课程开设，扩展为学士学位，到最后成立专门院系，逐渐在美国赠地学院获得了一席之地。由于缺乏学科共识，这一时期各高校对于家政学相关课程、项目、院校的命名较为多样，为学科创建提供了重要的组织保障。

学科创建。学术界目前已达成共识，家政学作为一门学科，创建于 19 世纪末 20 世纪初。1899~1908 年的十年间，一批家政学家每年都在美国普莱西德湖召开会议（Lake Placid Conference），以此为标志，家政学学科正式诞生。艾伦·理查兹（Ellen H. Richards）被选为 1899 年第一届会议的主席。在 1908 年召开的第十届普莱西德会议中，家政学（Home

---

① 丁则民主编《美国通史（第 3 卷）：美国内战与镀金时代 1861-19 世纪末》，人民出版社，2008。

② Burton J. Bldstein. *The Culture of Professionalism*. New York：W. Norton，1976.

Economic）作为一门学科被正式命名。1909 年，美国家政学会在华盛顿成立，学会于同年创办了《家政学研究杂志》（*Journal of Home Economics*）。

学科共识。在普莱西德湖会议中，与会专家一致认为和家庭联系的学科时代到了，并形成了以下共识。第一，家政学学科作为一个领域可以服务于家庭的福利（welfare）。① 第二，学科服务对象为妇女，她们作为母亲、妻子和家庭管理者理应接受家政学教育。第三，家政学学科是一个应用学科（applied discipline），研究包含理论科学在家庭问题中的应用。第四，在家政学学科知识体系上，有经济的、社会的、卫生的三种取向②，学科的相关知识应整合起来。第五，家政学学科的社会应用重点在各级各类教育上，并区分出小学、中学和大学层级。第六，成立专门协会和专业杂志，为专业人士学术交流创立平台。

在美国社会转型的重要阶段，以进步女性群体为代表的家政学者希望突破性别分工的限制，努力将家庭生活科学化，进而在社会公共领域做出更大的贡献。家政学学科的创立适应了社会发展的需要，客观上促进了美国家庭的现代化转型，帮助美国人建立了现代化的家庭生活方式。同时，家政学被描述为"在男性学术界的妇女飞地"③，揭示了学科带有的女性特质。

（二）发展期

社会发展与家庭问题。20 世纪初，美国依靠强大的经济实力、管理革命和科技创新，在经历短暂社会危机后呈现了前所未有的经济繁荣，城市化进程加快，大众消费能力和水平不断提高。1929～1933 年美国经济大危机，引起了美国社会结构和上层建筑的剧烈变化，进而也对民众的家庭生活产生了冲击。1932 年，加利福尼亚州失业委员会的一份报告提出：失业

---

① Ellen H. Richards. Report of Committee on Personal Hygiene. Lake Placid Conference on Home Economics. Proceedings of the Sixth Annual Meeting. Lake Placid，NY，1904.

② Ellen H. Richards. Home Economics in Higher Education. Lake Placid Conference on Home Economics. Proceedings of the Sixth Annual Meeting. Lake Placid，NY，1904.

③ Sarah Stage，Virginia B. Vincenti. *Rethinking Home Economics*：*Women and the History of a Profession*. Cornell University Press：Ithaca and London，1997.

与失去收入已经破坏了许许多多家庭，使这些家庭成员精神颓丧，失去自尊心，摧毁了他们的工作效率与可雇用性，大大降低了他们的生活水准，许多家庭解体，幼小子女寄养在朋友家、亲戚家或者慈善团体，夫妻、父母子女暂时地或永远地离散。1914 年，美国国会通过《史密斯—利弗法案》，由联邦政府资助的项目包括农业、商业、家政业和工业四大领域教师、督学和主任的工资。家政学在法案支持下不断进入各类教育机构，通过知识教育和行为示范，帮助人们进行生活方式、习惯以及文化的转变。1913～1914 年，安德鲁（Benjamin Andrew）调查了 288 所美国教育署下的高中，发现大多数高中都开设有家政学学科课程，包括食品和营养、缝纫、家庭管理等内容。[①]

家政学学科知识体系不断拓展。早期家政学更多地关注将自然科学如化学、物理学、生物学的知识应用于家庭生活。在此阶段，家政学家呼吁增加社会科学和人文科学，关注家庭中的个人与群体。其中一个重要的成果就是家政学开始出现父母教育和儿童研究，关于儿童的课程和研究机构不断出现，"儿童护理与管理"课程也在 20 世纪第二个十年被引入大学和中等教育中。在外部资金支持下，美国家政学会在华盛顿成立了一个儿童研究与父母教育中心。[②] 1940～1965 年，康奈尔大学家政学系从洛克菲勒基金会得到资助，开展儿童发展与家庭关系的长期研究项目，并为社会提供儿童护理和培训[③]，在社会上产生了深远的影响。1913～1950 年，家政学学科的知识范围扩大了很多，从服装、食品、住所、时间、精力和金钱的管理到儿童发展和家庭关系。家政学的学科体系不断扩展，但每个子领域之间缺乏整合，学者们开始了对于学科存在价值的元思考。1933 年，家政学家贝恩（Lita Bane）提到，家政学专业化的大方向是对的，但各个方

---

① Beulah I. Coon. *Home Economics Instruction in the Secondary Schools*. Washington，D. C. : Center for Applied Research in Education，1964，pp. 23-24.

② Marjorie M. Brown. *Philosophical Studies of Home Economics in the United States*：*Our Practical Intellectual Heritage*（*Volume I*）. East Lansing，MI：Michigan State University，1985.

③ Plora Pose. A Page of Modern Education. 1900-1940：Forty Years of Home Economics at Cornell University. In *A Growing College*：*Home Economics at Cornell University*. Ithaca：Cornell University，1969，p. 69.

面不能单独分离发展，要为了共同的目标整合起来。①

家政学在社会各行各业的应用。1944年，家政学家哈瑞斯（Jseeie W. Harris）提出，"在二战中，家政学的成就体现在战地医院的营养师和食品管理者上。在和平的日子里，我们期望更多新角色：学校午餐管理者、家庭生活咨询师、儿童服务专家，城市与郊区的家庭管理工作者、营养师、食品管理者、研究工作者、住房管理专家。另外，有更多的教师、家庭示范推广员、家庭管理专家……我们在未来有着无可匹敌的机会"。②

（三）转折期

社会思潮的冲击。在20世纪50～70年代，美国社会进入了调整期。在60年代，民权运动不断涌现，社会思潮呈现出多元化和自由化的特点，对传统的价值观和权威提出了质疑，强调个人自由和反传统的生活方式。新女权主义运动领袖认为，妇女不应该满足于男性设定的目标，并号召美国妇女在经济与社会上争取性别平等。自70年代开始，妇女大量进入美国的劳务市场。家政学学科在新女权主义运动中受到严厉的抨击。1972年，著名的激进女权主义者摩根（Robin Morgan）在美国家政学会的大会上发言："作为一个激进的女权主义者，我在这里开始树敌。"③ 这一举动在家政学学科内部引起了激烈的讨论。

子学科逐渐与家政学学科脱离。在20世纪60～70年代，为了改变人们对学科性别化的刻板印象，很多高校的家政学院系开始进行重组，如改变名称、聘任男性领导、招收男学生等。联邦机构如国家科学基金会（NSF）、国家健康研究院（NIH）、国家精神健康研究院（NIMH）都拒绝承认家政学是科学，但同时支持家政学分支，如营养学和儿童心理学等。在内外部因素的冲突下，家政学内部开始分裂，各个子学科开始自立门

---

① Lita Bane. Philosophy of Home Economics. *Journal of Home Economics*，1933，（25）：379-380.

② Jessie W. Harris. The AHEA：Today and Tomorrow. *Journal of Home Economics*，1944，（36）：459.

③ Sarah Stage，Virginia B. Vincenti. *Rethinking Home Economics：Women and the History of a Profession*. Cornell University Press：Ithaca and London，1997.

户，如酒店管理、营养科学、儿童心理学，逐渐与家政学学科母体脱离开来，进入被认可为"科学"的行列。

合法性反思。勒巴伦（Helen LeBaron）在 1955 年说道："家庭不能被分为多个独立的部分……如果要满足美国家庭需要，必须将注意力集中在家庭问题研究上。"① 1957 年，佛灵（Jean Failing）在《解读家政学：理解与评定》（Interpreting Home Economics：Understanding and Appreciation）中警告道："专业分化导致了公众对家政学更不理解。"② 1973 年，美国家政学会再次选择了普莱西德湖，在时隔 60 多年之后，召开了第十一届家政学大会。面对家政学学科发展的内忧外患，马歇尔（William H. Marshal）认为，"持续的家政学学科分化，导致其更像是一系列学科的集合，很难在高等教育中生存……我们要防止家政学项目被移到其他学科"。③ 图勒（Lela O'Toole）评论道："家政学不能成为无所不包的学科……非常有必要重点区分让家庭生活更为健康的能力。"④ 曼恩（Opal Mann）提出，"家政学最重要的问题是专业的地位、使命、基础和哲学……"。⑤ 著名家政学者保罗西（Beatrice Paolucci）重申了家政学的使命是"为家庭提供服务时，要提供知识协助家庭解决问题，增进家庭福利、提升家庭生活质量并维持家庭生活中的重要价值观"。⑥

（四）调整期

20 世纪 80 年代，在经历了长达 30 年的反思后，以美国家政学会为代

---

① Helen R. LeBaron. Home Economics—Its potential for Greater Service. *Journal of Home Economics*，1955，（47）：468-469.

② Jean Failing. Interpreting Home Economics：Understanding and Appreciation. *Journal of Home Economics*，1967，（49）：764.

③ William H. Marshall. Issues Affecting the Future of Home Economics. *Journal of Home Economics*，1973，（65）：9.

④ Lela O'Toole. Proceedings of the Eleventh Lake Placid Conference on Home Economics. Washington，D. C.：American Home Economics Association，1973.

⑤ Opal Mann. Proceedings of the Eleventh Lake Placid Conference on Home Economics. Washington，D. C.：American Home Economics Association，1973.

⑥ Beatrice Paolucci. Home Economics：It Nature and Mission. In Proceedings of the Eleventh Lake Placid Conference on Home Economics. Washington，D. C.：American Home Economics Association，1973.

表的家政学学科研究力量，召开了一系列的全国性会议，确定了家政学学科在 21 世纪的发展框架、全国性的教育标准和知识框架。在美国国家教育标准化运动的影响下，美国家政学会牵头开发了一系列国家性标准，如 1998 年发布的《家庭与消费者科学教育国家标准》、2009 年发布的《家政学学科知识体系》，为家政学学科在教育、研究以及社会服务中的规范统一奠定了基础。在 2010 年美国最新修订版学科专业分类系统（CIP）中，家政学学科作为一个交叉学科群，包括 10 个学科和 33 个人才培养专业。[①]

当前，美国家政学在高校的发展还是以本科人才培养为主，家政学学科项目的主要名称包括家庭与消费者科学（Family and Consumer Sciences）、人类生态学（Human Ecology）、家政学（Home Economics）和人类科学（Human Sciences）。据不完全统计，在 2784 所美国大学和学院中共有 245153 个家政学学科项目，其中 106 所院校提供学士学位，37 所院校提供硕士学位，9 所院校提供博士学位。[②]

二 家政学学科发展的内生性因素分析

（一）日常生活的现代化决定了家政学产生的必然

在农业社会中，家庭中的工作主要依靠传统、习惯、常识、经验等经验主义的活动来完成。家庭生活不需要专门学习，主要凭借长辈向儿女口耳传授经验，特点是重复性思维与重复性实践，这种千百年来的思维习惯对家庭生活影响深远。随着工业社会的到来，科学技术创新极大提高了生产力，追求经济效率和科学管理的理念被广泛接受，进而成为家庭生活改善的直接动力。

社会的现代化要求政治、经济以及文化的现代化，同时也对微观层面

---

① National Center for Education Statistics-Introduction to the Classification of Instructional Programs：2010 Edition（CIP‐2010）. http：//www. state. nj. us/highereducation/Program _ Inventory/CIPCode2010Manual. pdf，2010.

② U. S. Department of Education，National Center for Education Statistics. http：//www. hotcoursesusa. com/us/3-phd-doctoral-degree/usa. html？ kwrd＝home＋economics，2010.

的日常生活提出了更高的要求。在现代社会中，如果人们仍然依靠传统、习惯、常识、经验来重复父辈、祖辈的家庭生活，这种农业社会的思维方式难以让家庭完成现代化，即日常生活的变革与重建。在社会转型时期，这种重建的需求尤其强烈，客观上决定了家政学的产生。因此，家政学学科是现代社会发展到一定程度的产物，存在历史的必然性。20世纪初，现代化浪潮的前端已转移到美国，加之美国本土的实用主义哲学对于日常生活的重视，家政学诞生在美国也是顺理成章的事。

（二）现代社会对家庭生活的高质量要求是家政学发展的动力

美国家政学应社会现代化需求而生，以制度化的方式全面参与到现代社会的政治、经济、社会化大生产，以及社会公共事务之中，为民众现代化生活方式的形成做出了重要的贡献。

促进农村家庭生活现代化。1914年颁布的《史密斯—利弗法案》规定，在州立大学建立合作农业推广站，向没有进入农学院学习的人们提供农业、家政及相关方面的知识和信息、指导和示范。由此，美国形成了一个全国性农业推广体系，活动内容以农业技术咨询和示范、家政咨询为主，活动范围遍及全国所有农村地区。[①] 1908年，罗斯福总统要求成立乡村生活委员会（Country Life Commission），康奈尔大学教授李波提·海德·贝利（Liberty Hyde Bailey）受委员会委托，在对美国农村状况研究之后提出，"农民们墨守传统的个人主义不能适应社会实际情况，如对自然资源管理不善、公路和学校卫生设施不足、劳动力短缺、农村妇女的不利境况等，都影响了农村的发展"。[②] 1915年，美国农业部成立家政科，1923年又扩大为家政局，负责农村家政教育的推广。全美几乎所有州和县农业推广机构都设有家政推广员，把农村妇女组织成各种兴趣小组。[③] 通过培训和咨询等，帮助农村妇女学习有关家务料理、饮食营养与健康、服装衣

---

① 王春法：《美国的农业推广工作》，《中国农村经济》1994年第4期。
② 〔美〕史蒂文·J. 迪纳：《非常时代：进步主义时期的美国人》，萧易译，世纪出版集团、上海人民出版社，2008。
③ 陈福祥：《美国"农业推广运动"简述》，《中国职业技术教育》2008年第3期。

着、环境美化及子女教育等方面的知识，提升农民家庭生活质量。美国家政推广通过联邦、州、县级机构及赠地学院、农业专家和公众的共建共治，为农业农村农民的现代化发展做出了巨大的贡献。

提高民众对家庭生活的科学认识。20 世纪初，美国人越来越关注儿童的生理和心理发展问题，1909 年，美国政府召开了白宫儿童会议（White House Conference on Children）并成立了美国儿童署，开展针对家庭主妇的儿童培训类课程研究。① 1924 年，美国家政学会发起了支持家长教育的一系列活动，开设儿童教育课程，并成功引入赠地大学，成为家政学的核心课程。1925 年，康奈尔大学从洛克菲勒基金会获得了为期四年的资助，建立了儿童发展与家长教育系、附属的护理研究和家长教育学院以及康奈尔儿童学习俱乐部。从 20 世纪第二个十年末到 40 年代，康奈尔大学为纽约的上万个家庭普及了儿童发展的科学知识。1919～1921 年，美国医院增加了食品管理岗位，大批家政学毕业生应聘到医院成为营养师。第一次世界大战为营养知识的普及奠定了重要的基础，战后人们开始认识到健康的人也需要营养的饮食。20 世纪 30 年代大萧条期间，家政学毕业生在农村推广工作中，将公共营养知识普及到更为偏僻落后的农村地区。

提升家庭消费的品质。1925～1950 年，家政学家参与到美国农村电气化运动中，为推广家用电器做出了卓越的努力。20 世纪初，罗斯福政府发起了美国农村生活运动（Country Life Movement），成立了农村电气化管理部（Rural Electrification Administration，REA）②，大批家政学毕业生应聘为代理员，帮助合作社来推广各种家用电器和其他各类便利生活的产品，让民众通过购买产品达到更高的生活水平。20 世纪第二个十年之后，家政学毕业生已经在食品制造业、女性杂志、公共事业公司、银行、零售机构等就业。很多公司成立家庭服务部门，招聘家政学毕业生，让其研究消费者

---

① Katherine Blunt. President's Address. The Unity of the American Home Economics Association. *Journal of Home Economics*，1926，（18）：552.

② Ronald R. Kline. Agents of Modernity：Home Economics and Rural Electrification. In Sarah Stage，Virginia B. Vincenti. *Rethinking Home Economics*：*Women and the History of a Profession*. Ithaca and London：Cornell University Press，1997.

的需要、与消费者进行充分的沟通、为消费者提供科学展示和解释说明，以拓展消费市场。

三　我国家政学学科发展的困境与对策

（一）家政学在我国发展的历史与困境

家政学从国外被引入中国。民国时期，家政学被介绍到中国，"家政学"一词从英语翻译而来。民国时期，中国是半殖民地半封建社会，在早期的现代化过程中受到外来思想的影响，在高校设立了家政学专业。1914年6月，北京女子高等师范学校设置了家事技艺专修科，是我国首次在高校开展家政学学科教育的尝试。家政学毕业生就业去向为医院营养科和中小学幼儿园，为我国近代临床营养和学校卫生工作做出了巨大的贡献。一方面，由于20世纪上半叶我国始终处于战乱状态，且妇女尚未普遍就业，高校家政学专业的人才培养工作并没有融入民族解放的中心大局事业中，反而被进步女性误认为是培养家庭主妇的旧式教育。另一方面，由于我国家政学自引入后就缺乏美国家政学学科的外部环境和内生动因，作为一个高校专业只侧重应用型人才培养，缺乏科学研究和社会服务，学科发展成为无源之水。

家政学被撤销。新中国成立后，我国确立了马克思主义理论的指导地位，马克思主义妇女观要求妇女走出家庭，将家务劳动社会化。高校家政学的教师和学生多为女性，关注的是家庭生活，在广大妇女普遍投身于社会各行各业工作的情况下，家政学专业因人才培养定位不符合社会发展需要，在1953年的专业调整中被撤销，师资和课程被并入相关专业或发展成为新专业，如家政学中的营养方向并入营养学，儿童卫生方向并入学前教育，为新中国营养学和学前教育学科建设提供了重要的理论支撑和实践经验。

家政学得到重建并进入本科专业目录。自20世纪50年代到80年代，家政学中断长达30年。随着改革开放和社会经济发展水平的提高，人民群众对于家庭生活有了更高的期待，家政学开始重建。这次重建与家政学被引入时的环境大不相同，内生性的因素占了主导，社会现代化的发展为家政学重生注入了新动力，客观上要求研究家庭发展的新情况新问题，产生新知识新技能，促进家庭生活方式的变革。

1999年，吉林农业大学正式开设家政学专业的大专层次学历教育。高校家政学专业首先要解决的就是人才培养定位和就业方向不清的问题，家政学者们在商业、教育、公共服务等领域都做了积极的探索。由于家庭的私人领域特点，人们习惯于靠重复性思维和经验去认识家庭问题，导致家政学毕业生难以在国民生产生活中找到就业归口，产生了一系列专业发展困境。部分高校家政学专业开设后又中断，如北京师范大学珠海分校家政学本科专业在2014年停止招生。

在20世纪末，随着国家对家政服务产业的重视和一系列政策的支持，"家政"两字频繁出现在各类国家级政策文件中。家政行业的提质扩容，要求从业人员职业化发展，对知识技能培训提出了更高的标准。家政学者将学科专业发展与国家高度重视的家庭服务业联系起来，家政学借此机会得以发展。2012年，家政学专业终于进入普通高校本科专业目录，家政学者长期为学科发展合法性做出的努力终于取得了成果。2021年之后，部分高校家政学专业成功入选国家级一流本科专业建设点，成为学科进一步发展的契机。

产业导向下的学科发展困境。目前，我国只有10多所本科院校开设家政学专业，招生和毕业生就业都面临着不同程度的压力。究其原因，一方面，由于家庭服务业在国内发展中以小微企业、中介服务为主，人员素质参差不齐，难以为家政学毕业生在行业内就业打通就业渠道，导致家政学毕业生在行业内的就业质量不高。另一方面，家政学界对于学科建设的基本理论并没有达成共识，缺乏深度反思。当前家政学发展重点仍聚焦在专业上，各高校专业课程设置也呈现出多样化特点，导致学科的"内核"发展先天不足、后天匮乏，由此产生了学科认同的危机。

（二）借鉴美国经验，将家政学嵌入社会现代化发展的中心大局工作

正确认识家政学对于社会现代化的重要价值。从美国家政学百年发展经验来看，其从一群中产阶级知识女性为走出家庭而在学术领域的重要尝试，逐渐发展成为一个官方承认的交叉学科，产出了系统的聚焦科学家庭生活的知识体系，培养了大批服务于国民家庭生活的优秀人才，增加了一系列聚焦于家庭生活的就业岗位，有效提升了国民的家庭生活质量，为社会现代化做出了独特的贡献。美国家政学的成功并不是偶然现象，是社会发展的必然结果。从这个角度来看，要认识到一个学科的发展源于社会发展的需求，中国家政学学科的使命和任务要立足于中国式现代化发展的要求，展示出学科在现代化建设中的独特使命和任务，这是家政学长远发展的根基。

正确理解家政学与家庭日常生活的关系。美国家政学创始者均为受过高等教育的家庭妇女，由于当时妇女没有外出就业的机会，于是她们产生了家庭生活科学化，进而创建学科的想法。这种对于日常生活科学化的思考源于现代化社会中的理性精神，人们崇尚科学，并将科学应用到社会各个领域包括家庭中。因此，可以说美国家政学是社会现代化产生的科学理性精神对家庭生活渗透和影响的产物，也是美国人自身所表现出来的科学理性精神的集中展示。中国在几千年的农业社会中，在家庭领域积累了丰富有效的实践经验，中华优秀传统文化中的家庭美德、家风家训等在促进家庭和谐方面发挥了重要作用。同时，我们也应注意到，我国民众对家庭日常生活的认识更倾向于代际的经验传授。如 2022 年一项全国妇联重点课题成果显示，八成以上被访者希望获得恋爱、婚姻、生育指导服务和学校开设婚恋教育课程。2017 年北京市社会科学基金支持下的一项北京市家庭生活指导服务的现状与需求调查显示，北京市社区工作人员和中小学教师大部分都认识到社区和学校是家庭生活指导的重要阵地，但开展家庭生活指导缺乏专业支持和外部保障。2020 年度国家社会科学基金特别委托项目"中国共产党领导下的促进男女平等和家庭建设制度机制研究"的一项基层调研显示，超过 65% 的基层干部都具有高等教育学历，但他们对于家庭的认识多来自工作实践和生活经验，导致在开展家庭工作时缺乏科学指导。上述调查结果都显示了我国民众对家庭生活缺乏专门的学习，同时也显示出人们对于高质量家庭生活的期待。中国是世界上人口最多的国家，也是家庭数量最多的国家，共有 4.3 亿户左右的家庭，占全世界的 1/5。作为世界上最大的发展中国家，中国正经历着深刻的变革，经济发展方式、社会环境、人口结构等的变化都给广大家庭带来前所未有的挑战。同时，我国科学技术得到了飞速发展，科学理性精神已经向家庭生活领域渗透。上述情况都表明，家政学发展的机遇已经到来，可以在社会转型期间为民众提供科学的家庭生活指导，帮助民众建立现代化的家庭生活方式。正如 2015 年习近平总书记在春节团拜会上提出，不论时代发生多大变化，不论生活格局发生多大变化，我们都要重视家庭建设，注重家庭、注重家教、注重家风。① 家政学作为一个以家庭生活方式及其表现形式为研究对象的学科，具有鲜明的应用性，旨在提高人们的家庭生活质量，为家庭全体成员提供科学的指引，服务于我国当前的家庭建设，应得到高度重视。

明确教育性是家政学最显著的特征。借鉴美国经验，家政学要聚焦当前我国人民家庭生活的各种现象、问题、需求和期盼，研究人类发展、消费经济、健康与食品营养、住房和人类环境、服装和纺织品、工作和家庭等日常生活内容。这些知识不是松散的组合，而是整合为一个学科体系并表现出跨学科的属性。家政学通过科研、教学和社会服务，满足国家和社会对家庭建设领域专业人才的需求。调研显示，除了美国，家政学在世界范围内均有发展，如加拿大、德国、芬兰、挪威、澳大利亚、日本、韩国、新加坡等国家以及我国香港和台湾地区都设置有相关学科和专业，旨在使学生掌握与家庭生活相关的基础知识和基本技能，理解家庭在社会发展中的意义和作用，具备提升生活质量和社会发展水平的创造能力，养成积极地创造生活、实践生活、热爱生活的态度，通过家庭发展促进社会和谐。我国家政学在民国时期受美国家政学的影响，最初也表现出鲜明的教育性，家政学毕业生重要的就业方向就是中小学家政教师。相较于当前产业导向的家政学，教育视角下家政学的内涵和外延更符合我国当前家庭建设的需求。同时，教育导向与产业导向二者相互联系，教育导向作为基

---

① 《注重家庭、注重家教、注重家风，习近平总书记这样说》，共产党员网，2017 年 2 月 10 日，https：//news. 12371. cn/2017/02/10/ARTI1486714260521638. shtml？from = groupmessage&ivk _ sa = 1024320u。

础，可以为产业导向下的职业培训和产业管理提供指导。

厘清家政学与妇女发展的关系。家政学是由一群美国中产阶级进步女性创建的学科，带有一定的性别化的特点。这种特征像一把双刃剑，在 20 世纪上半叶是推动其快速发展的重要动力，通过日常家庭生活的教育，女性更有能力科学地管理家庭、提升家庭生活质量。而在 20 世纪下半叶这种特征则成为学科发展的最大阻力。随着妇女大量走出家庭、外出工作，家政学专业因仅由女孩来学习的特点，被批评为不利于性别平等的因素。美国家政学界在 20 世纪下半叶开展了大量的去性别化改革，但并未产生实效。因此，如何理解家政学与妇女发展的关系，直接影响到家政学发展的方向。在 20 世纪 80 年代之后，美国家政学直接绕过困扰其几十年的性别问题，直面现代社会的国民家庭生活，家庭成为一个消费单位，使每个家庭成员实现科学健康生活与可持续发展，是全球面临的共同问题。我国家政学也曾因性别问题中断发展。如何正确理解妇女发展与家庭生活的关系，关系到家政学学科长远发展。《中国妇女发展纲要（2021—2030年）》中增设了家庭目标，明确了家庭建设在妇女全面发展与性别平等工作中的重要作用。2023 年，习近平总书记在同全国妇联新一届领导班子成员集体谈话时提出，做好妇女工作，不仅关系妇女自身发展，而且关系家庭和睦、社会和谐，关系国家发展、民族进步。[1] 这些都为家政学指明了建设方向。家政学所研究的家庭是两性平等建设的家庭，家政学既重视发挥妇女在家庭中的影响力，同时也通过各种策略措施促进家庭成员共担家务和共同育儿，促进性别平等。

四 家政学在家庭建设领域有着广阔的发展空间

当前，我国社会快速转型，新型城镇化向前推进，人口老龄化程度不断加深，人口持续保持低速增长，家庭规模、家庭结构、家庭关系等方面

---

[1] 《习近平在同全国妇联新一届领导班子成员集体谈话时强调 坚定不移走中国特色社会主义妇女发展道路 组织动员广大妇女为中国式现代化建设贡献巾帼力量》，人民网，2023 年10 月 31 日，http://gd.people.com.cn/n2/2023/1031/c123932-40622548.html。

均发生了深刻的变化。我国家庭的婚嫁、生育、养育、教育、养老等方面呈现一系列新情况新变化，如低生育率和低人口增长率、离婚率连续上涨、家长育儿焦虑高发、子女对老人不履行赡养义务以及天价彩礼、低俗婚闹等问题，影响了人民群众的幸福感、获得感和安全感。

上述问题的产生，存在几个关键性因素。第一，家庭传统功能逐渐弱化与社会化支持不足之间的矛盾。家庭小型化、核心化导致家庭传统功能弱化已经成为我国家庭的普遍特征。与此同时，我国社会福利制度尚不健全，社会功能还不足以弥补家庭功能的弱化部分。第二，家庭照料资源短缺与社会照料资源提供不足之间的矛盾。第三，家庭生活和工作与家庭生育需求之间的矛盾。第四，家庭问题多样化、复杂化与家庭政策碎片化、应对措施单一化之间的矛盾。① 如何鼓励家庭成员更好地承担相应的家庭责任，促进家庭发挥生育、养育、教育、养老等各类重要社会功能，有效支持现代家庭的能力建设及可持续发展，使国民能够有效地适应社会现代化发展的要求，客观上需要一个关涉家庭生活的学科来深入研究和解决这些问题。

（一）党和国家高度重视家庭工作为家政学学科发展提供了契机

新时代家庭观为家庭建设指明了方向。党的十八大之后，习近平总书记围绕注重家庭、注重家教、注重家风建设发表了一系列重要论述，积极回应人民群众对家庭建设的新期盼新需求，对于引导广大民众树立新时代家庭观，支持家庭全面发挥社会功能，切实解决群众后顾之忧，具有十分重要的意义。习近平总书记关于家庭家教家风建设所做出的重要讲话形成的《习近平关于注重家庭家教家风建设论述摘编》，从重要基点、历史传统、品德教育、家风建设、领导干部家风、家庭文明新风尚等角度，深刻阐释了家庭家教家风建设的重大意义、目标任务和实践要求，为新时代家庭建设提供了根本遵循。

党和政府对家庭家教家风建设的政策支持全面加强。2017 年，习近平

---

① 国家卫生计生委家庭司编著《中国家庭发展报告 2016》，中国人口出版社，2016。

总书记在党的十九大上所做的报告，明确了新时代的主要矛盾是人民日益增长的美好生活需要和不平衡不充分的发展之间的矛盾。2019 年，党的十九届四中全会通过的《中共中央关于坚持和完善中国特色社会主义制度 推进国家治理体系和治理能力现代化若干重大问题的决定》（以下简称《决定》）指出，"注重发挥家庭家教家风在基层社会治理中的重要作用"，"构建覆盖城乡的家庭教育指导服务体系"。这是国家层面对现阶段家庭功能弱化、家庭教育缺位、家风文化断层等问题的回应，也是对于家庭建设、社会治理功能的肯定。党的二十大首次将"加强家庭家教家风建设"写入党代会报告。《中华人民共和国国民经济和社会发展第十四个五年规划和 2035 年远景目标纲要》（以下简称《"十四五"规划纲要》）首次设立"加强家庭建设"专节。《中国妇女发展纲要（2021—2030 年）》新增"妇女与家庭建设"部分。《中国儿童发展纲要（2021—2023 年）》"儿童与家庭"部分提出内涵丰富的策略措施。各部门结合分管的家庭工作，围绕婚姻、养老、育幼等重要内容，出台、修订了一系列政策法律，如《民法典·婚姻家庭编》《反家庭暴力法》《未成年人保护法》《妇女权益保障法》《老年人权益保障法》《家庭教育促进法》《关于加强新时代家庭家教家风建设的意见》《关于指导推进家庭教育的五年规划（2021—2025 年）》《关于加强新时代婚姻家庭辅导教育工作的指导意见》等，初步形成了部门协同配合的家庭发展政策体系。

贯彻落实党和国家领导人关于家庭建设的重要讲话以及家庭发展政策法律，更好地满足人民实现高品位、高层次和高质量生活的需要，建立现代化的家庭生活方式，通过学科交叉产生新知识，聚焦人民群众对美好家庭生活多样化多层次多方面的需要，建立提升家庭生活质量的学科体系，具有重大的社会意义。

（二）家政学学科建设要以新时代家庭观为指引

新时代的家政学学科要以新时代家庭观为指引，以习近平新时代中国特色社会主义思想凝心聚魂，立足于中国式现代化，研究中国家庭发展的真问题，将学科建设融入党和国家的中心大局工作，如围绕乡村振兴、精神文明、人口发展等重大战略问题，为城乡家庭发展提供中国式现代化的家庭生活教育与服务指导，促进我国千千万万个小家庭日常生活的现代化。

新时代家庭观是家政学学科发展的根本遵循。新时代家庭观是关于新时代建设什么样的家庭、怎样建设好家庭好家教好家风的思想体系，是习近平在批判地继承和吸收马克思主义家庭观、中华优秀传统文化、中国共产党百年红色家风的基础上形成的，并在实践中不断地丰富、发展和完善的科学体系。新时代家庭观内容包括家庭的功能、地位、发展趋势以及家庭建设的内容、途径、价值取向等，其理论基础是辩证唯物主义和历史唯物主义，根本任务是立德树人，实现人的全面发展，培养担当民族复兴大任的时代新人，本质是 21 世纪的马克思主义家庭观，是新时代的马克思主义家庭观，同时是社会主义核心价值观在家庭领域的体现和要求。

家政学要以践行新时代家庭观为最终目标，明确学科发展的重要价值。家政学立足新时代家庭观，就是要结合中国共产党的第二个百年奋斗目标，分析家政学对于建设富强、民主、文明、和谐的社会主义现代化国家的重要价值；结合党的十九大报告提出的我国社会的主要矛盾已经转化为"人民日益增长的美好生活需要和不平衡不充分的发展之间的矛盾"，分析家政学对于人民美好生活建设的重要价值；结合《"十四五"规划纲要》中的"全面推进乡村振兴"目标，分析家政学对于农村基层社会治理和精神文明建设的重要价值；结合党的十九大报告提出的"培养担当民族复兴大任的时代新人"的重要目标，分析家政学在立德树人、培养时代新人中的重要价值和实践路径；结合党的十九届四中全会《决定》提出的"注重发挥家庭家教家风在基层社会治理中的重要作用"，分析家政学对于提高基层社会治理水平的重要价值；结合党的二十大报告提出的"重视家庭家教家风建设"，分析家政学在国家发展、民族进步、社会和谐中的重要价值。

家政学学科落实新时代家庭观的现实路径。家政学可以在新时代家庭家教家风工作中找到发展的策略措施：制度设计，建立完善家庭政策体系，拓展家庭公共服务，营造家庭友好型社会环境；基层社会治理，分析如何在基层社会治理中践行新时代家庭观以及普及家庭生活知识技能，帮助村（居）民建立科学健康的家庭生活方式；教育教学，分析如何将新时代家庭观和学科知识融入各级教育系统，构建家校社协同育人机制，做到立德树人；产业发展，分析如何将学科研究最新成果融入家政服务，促进家政产业提质扩容。

（三）加强家政学内部和外部建制发展，为学科建设提供强有力的支撑

高度重视家政学学科的内在观念建制的发展。学科的内部建制包括逻辑范畴和知识体系，其中的学科精神和学科制度、规范也是制约家政学发展的关键因素。家政学者要在学科基本理论上进行深入研究，厘清学科知识体系，产出标志性研究成果，增强学科的影响力。同时，明确家政学与家庭社会学、老年学、家庭教育学、劳动教育学等学科的交叉重合关系。积极扩展家政学的内涵和外延，将家政学相关的二级学科进行整合，形成学科群，将学科提升为《研究生教育学科专业目录》中的一级交叉学科，为学科发展拓展更广阔的空间。

推动高校家政学学科的外在社会建制的发展。学科的外部建制指学科的具体社会组织，如高校中的学院、学系和研究院所等机构，以及在此基础上形成的更广泛意义上的学科社会分工、管理、内部交流机制等。高校家政学院系要团结家政学界的力量，重视发挥各级各类家政学会和专业学术类杂志的力量，促进学者探讨家政学前沿问题。同时，高校家政学院系应密切关注相关部门有关家庭建设的政策文件，如商务部的家政产业、民政部的婚姻家庭辅导、教育部的学校家庭教育指导、全国妇联的社区家庭教育指导、文旅部的家庭文旅项目等，积极参与家庭类政策制定与咨政服务，发挥学科在家庭建设中的引领力。在现有家政产业中的管理与培训工作基础上，进一步拓展家政学在社会经济发展各部门中的应用，如家庭消费产品研发和推广、社工服务机构中的婚姻家庭辅导、学校和社区的家庭教育指导等，将学科知识应用于社会各个领域，为人民群众的美好生活建设贡献独特力量。

（编辑：李敬儒）

The Discipline of Home Economics： Historical Review， Present Orientation and Development Pathways

CHEN Peng

（China Women's University and ACWF Executive Leadership Academy， Beijing 100101， China）

Abstract： A review of the history of American home economics in the past hundred years shows that the modernization of daily life determines the inevitability of the emergence of the discipline of home economics. The requirements of high-quality family life in modern society are the driving force for the development of home economics. Drawing lessons from the American experience， the discipline of home economics in China should be guided by the views on family of the new era. Discipline development should fit into the practice of Chinese modernization， serve family education in the new era， and explore a path based on China's national conditions.

Keywords： Home Economics； Modernization； Daily Family Life； Views on Family of the New Era； Family Construction

家政专业课程设置本土化研究[*]

林丽萍　梁　颖

（广东工商职业技术大学，广东肇庆 526000）

摘　要： 家政学本土化是一个必经的发展过程，而家政专业课程设置本土化是家政学本土化的重要体现，这不是简单的"拿来主义"，而是要构建适应中国社会需求、文化背景、民族情感、经济发展、就业导向的课程体系，使家政专业课程设置更具本土化元素，更有社会适切性。本文基于5所不同类型院校家政专业课程设置的实践经验，呈现当前家政学科本土化发展局面，分析家政专业课程设置本土化的影响因素，探索家政专业课程设置本土化发展的路径，使家政学科在中国的土地上开枝散叶，结出具有中国特色的果实。

关键词： 家政专业；课程设置；本土化

作者简介： 林丽萍，职业技术教育硕士，广东工商职业技术大学健康学院家政服务与管理专任教师，主要研究方向为家政教育；梁颖，中药学硕士，广东工商职业技术大学健康学院讲师，主要研究方向为健康管理学、家庭健康管理学。

在社会需求和国家政策支持的背景下，中国的家政学科正步入快速发展的新阶段。家政学作为一门独立的学科，1899 年在普莱西德湖得以建立，1919 年我国的大学才开始设立家政学系。20 世纪 80 年代，经历了院系调整之后，我国家政学得以重建。然而，家政学长期以来都像一个"门外汉"，没有完全形成独立的学科体系。一门学科的发展可以选择两个路径：一是通过不断吸收外来的理论和研究进行发展，二是立足于本国实际进行本土化发展。家政学在中国的发展历程中，越来越显示出其独特的社

---

* 本文受 2021 年度广东工商职业技术大学"本科层次职业教育试点改革理论与实践研究青年项目"（项目批准号：GDGSGQ2021017）资助。

会适切性。无论是民国时期的"贤妻良母"还是新中国时期的"德智体美劳全面发展"人才的培养目标，都将家政学与社会需求紧密联系在一起。相较于其他相对成熟的学科，家政学在课程设置上一直备受诟病，导致各个院校在家政学的课程设置方面不断进行探索和变更，进而突显了本土化特征。本土化是使某外来事物适应本国本土的情况而发生适当的转变，使之具有本民族和本土的特色。① 家政类专业包括家政学、家政服务与管理等专业，是指名称中含"家政"一词的专业的统称。家政专业课程设置的本土化，就是指将引进的西方家政教育内容与中国传统文化和社会背景相融合，使其呈现出具有显著本地特色的状态。这种状态符合社会需求的发展、经济的发展，同时具有本土特色和文化传统。综合考虑国内外的发展情况，家政专业课程设置的本土化研究存在研究对象不聚焦、研究问题不够深入、研究方法单一、研究结果缺乏实践性等问题。现有研究主要是探索本土化的应然状态，而对本土化的实然状态缺乏实际的描述。因此，本文通过对5所不同类型院校家政专业人才培养方案的文本分析，并结合对家政专业教师和毕业生的访谈，旨在了解当前家政专业课程设置的本土化情况，剖析制约其本土化发展的因素，并探寻家政专业课程设置本土化发展的路径。这对于我国家政专业课程设置具有一定的现实意义。

一　家政专业课程设置本土化现状

　　本土化是一个发展过程而不是一种结果，因此家政专业课程设置本土化的实然状态是具有时间维度的，在每一个历史阶段都有其不同的特点和主要内容，所以用历史维度的眼光来探查家政专业课程设置的本土化具有现实意义，也更有助于厘清家政专业课程设置本土化的历史趋势。当前，我们可以从培养目标、培养要求、职业面向以及课程设置等方面来探讨家

---

①　郑杭生、王万俊：《论社会学本土化的内涵及其目的》，《吉林大学社会科学学报》2000年第1期。

政专业课程设置的本土化。通过分析，可以发现当前家政专业课程设置的本土化存在一些亮点和问题。

（一）当前家政专业课程设置本土化存在的亮点

1. 以社会需求为导向

首先，从培养目标来看，家政专业课程设置自家政学引进之初就紧贴社会需求。从培养社交名媛到专业从业者，从为个人服务到为社会需求服务。培养目标体现出每一个时期的社会背景，突出每一个阶段的社会经济情况，例如，在抗战时期，家政学科侧重营养方向，在物资短缺的情况下维护人民健康。培养目标涵盖培养定位和培养内容两个方面，从培养定位来看，由于市场经济的发展，家政专业的培养目标逐渐以就业为导向，培养高素质应用型人才和高层次技术技能型人才。应用型人才是指在社会实践中将自己所掌握的专业知识和实践技能用于解决实际生产生活中所遇到的问题，并完成相关技术操作工作的专业人群。[①] 技术技能型人才是指在生产和服务等领域岗位一线，掌握专门知识和技术，具备一定的操作技能，并在工作实践中能够运用自己的技术和能力进行实际操作的人员。[②] 不同类型院校在家政专业的培养定位上有所差异，具体体现为普通本科教育定位于培养应用型、复合型人才，主要培养家政学科与家政产业研究型、教育型人才，其特点是兼顾学术性和职业性；职业本科教育则旨在培养高层次技术技能型人才，注重技术技能的培养和提升，以及解决复杂问题和创新工艺方法，该类型教育主要培养家政产业的管理型和技能拔尖型人才；专科层次教育则注重培养技术技能型人才，强调熟练掌握一线技术技能，主要培养家政产业的一线从业者。可见，不同类型院校在家政专业上都注重专业知识和专业技能的掌握与应用，并且突出技术技能的掌握，这与社会对技术技能型人才的巨大需求是相吻合的。从培养内容来看，各类型院校都注重培养掌握家政管理技能的人才，注重家政管理教育与培

---

① 陈裕先、谢禾生、宋乃庆：《走产教融合之路 培养应用型人才》，《中国高等教育》2015年第 Z2 期。
② 何应林：《高职院校技能人才有效培养研究》，博士学位论文，南京师范大学，2014。

训，这既符合学生的职业定位，也符合社会对高层次家政管理人才的需求。

其次，从培养要求来看，家政专业可以基本分为知识要求、能力要求和素质要求。职业院校根据不同的方向和岗位，注重对知识要求、能力要求和素质要求的具体划分。就知识要求而言，家政专业人才需要具备扎实的专业知识基础，主要包括家政学的基本理论和家政服务的基础知识。在能力要求方面，家政专业人才需要掌握各项家政服务的基本技能，包括烹饪、保洁、母婴照护、养老护理等。此外，还强调学生在家庭教育、职业培训和企业管理等课程内容上获得相关的基本技能，并注重培养其管理能力。在素质要求方面，家政专业注重培养学生职业道德，提升身体素质和心理素质。这使得家政专业的培养要求既符合家政从业人员的特点，同时也满足家政市场对人才的基本要求。通过对知识要求、能力要求和素质要求的结合，家政专业旨在培养出具备优秀专业素养和高度职业敬业精神的家政人才，以适应社会对于家政服务增长的需求。

再次，从职业面向来看，不同类型院校对家政专业所对应的职业面向设计得都比较宽泛。根据行业的划分，家政专业的职业面向包括家庭服务业、老龄产业、健康产业、教育行业以及其他行业。根据职业岗位的划分，家政专业的职业面向包括家政服务员、养老照护员、健康管理师、保健调理师、保育员、育婴员、培训师、公共营养师、秘书等，主要从事家政机构经营与管理、家政教育与培训等工作。总体来看，院校对家政专业的职业面向设计主要分为育婴、养老和家事指导三大领域。2022 年，国务院常务会议明确提出支持养老托育服务业发展的政策措施，并要求各地实施"一老一小"整体解决方案。这表明家政专业可以为社会培养紧缺的人才，其职业面向的整体设计可以根据社会需求进行调整。

最后，从课程设置来看，虽然各院校的课程设置中的类别和名称存在差异，但大体上可以分为公共基础课、专业课和选修课。专业课程设置主要包括专业基础课、专业核心课和专业方向的选修课。在职业院校中，专业课程设置主要包括职业基础课、职业技能课（职业核心课）和职业拓展课（能力拓展课）。基础课程主要涵盖家政学、社会学、管理学、教育学等基础学科的知识内容，技能和拓展课程则主要关注育婴、营养、养老、家务技能、教育与培训等方向的专业知识和技能。访谈发现，学生认为与市场和行业发展最紧密相关的家政课程包括营养、母婴、育儿、整理收纳、教育、养老等课程，这些课程在家政专业课程设置中都有相应的设计。教师在访谈中指出，课程设置必须与实际岗位需求结合。例如，当培养家政培训讲师人才时，课程设置就会涉及教育学等相关内容。面对当前互联网家政行业的迅速发展，一些专业课程如"新媒体运营与管理"也被纳入设计，以使学生能够结合时代发展，运用专业知识并发展相应的职业能力。这充分表明课程设计是以社会需求为导向的。

2. 日常生活实用性强

通过对学生的访谈，可以发现他们非常喜欢家政专业课程，主要原因是课程内容与实际生活相符，可以从中学到很多实用的生活技巧，对个人的帮助很大，能够提高生活品质。这表明家政课程具有强大的实用性，学生们在课程中学到的知识和技能能够直接应用于日常生活中，具有很高的可操作性。一些学生表示，在家政课程中学到了很多有关日常家居和生活的技巧，例如收纳和烹饪等，这些技巧有助于提升个人的劳动能力和管理能力。家政课程涉及个人衣食住行等方方面面的内容，例如健康饮食和时尚穿搭等，同时学生也能通过家政原理来剖析一些社会热点问题，这些知识对于寻找家政类工作也有很多帮助。

家政学作为一门与生活紧密相关的学科，具有很强的适配性。它顺应生活的发展，为日常生活带来了非常重要的启示。一些学生认为，对家政知识的学习影响了他们的生活态度，使他们意识到健康饮食和良好睡眠等生活方式的重要性，并朝着美好生活的方向努力。同时，家政课程对学生工作态度也产生了积极的影响，对于感兴趣的专业领域，学生们会不断学习和精进自己的技能。例如，在营养与健康方面的学习可以延伸到食育领域，让个人更加清楚自己的专业方向。家政课程增强了学生的生活幸福感，使他们更加热爱生活，并在工作中展现出积极的影响力，为企业所重视。家政专业课程设置以社会需求为导向，以实际生活为出发点和落脚点，是课程本土化过程的重要体现，是立足于当前经济发展和社会背景的两大亮点。

（二）当前家政专业课程设置本土化存在的问题

1. 本土化方向难定位，课程内容不聚焦

家政专业课程给学生最大的负面感受是课程内容太宽泛，重点内容不突出。很多学生表示学了各种各样的课程，但是对每门课程都不精通，有种"学了又像没学的感觉"。学生对于大多数课程都是涉猎相关知识，在有针对性的岗位中运用时又不如该领域专业的同学，例如，学营养学没有食品专业的学生学得深入，学老年护理却没有护理专业的学生那般技能熟练，学婴幼儿照护没有婴幼儿托育服务专业的学生学得具体。课程设计似乎只考虑到家政专业课程的"广"，意图面面俱到，但是没有考虑学生的兴趣、接受程度、市场需求的专业性。经调查，只有 N 校根据行业市场调研、学校自身所具备的传统优势将家政学专业方向分为老年照护与管理、母婴照护与管理，并建立了岗位胜任力模型。N 校作为一所职业专科学校，在课程设置上体现出技能的熟练掌握与运用是人才培养要求所决定的，而本科层次强调学科基础知识和实践能力的掌握致使学科内容强化理论应用，弱化技能，呈现出"空洞宽泛"的表象。这种表象又是学科性质所决定的。

家政学作为一门交叉学科，位于各学科的交汇融合地带，这种综合性特点意味着它难以独立发展。郑强教授在接受《中国新闻周刊》访谈时谈到学科的交叉性，他认为"现在一些高校在本科阶段就过分强调交叉，结果就是牺牲学生的专业深度。一个新专业方向的知识要发展到可以形成教材的程度，没有十年甚至是几十年是不可能的"。[①] 目前，家政专业仍处在新兴专业阶段，家政专业教材在逐步建设中，专业方向定位在市场需求中摇摆不定，所以对学科深度的探讨必须在本土化的"理论—实践—理论"中反复打磨。职业院校的家政专业在本土化的过程中需先考虑专业方向定位问题，不然学生难以掌握相关的专业技能，更别谈成为技术技能型人才。就像有学生表示

---

① 霍思伊：《郑强：部分大学老师不是为学生，而是为自己饭碗开课》，《中国新闻周刊》2022 年 8 月 1 日。

"专业的人做专业的事，众多的课程很难做到全盘吸收，只能是感兴趣的课程学习得相对好一些，那些不感兴趣的就可能会荒废"。家政专业拥有几十门课程，几乎涉及所有学科门类，这导致师资难配置、学生学习难平衡、学习内容浅薄、实操学时不足、学生就业核心竞争力低等一系列问题。

2. 本土化内容难突出，民族特征不明显

中国的家政学科体系从国外引进，在本土化过程中逐渐增设了具有中国特色和民族特色的课程。然而几十年过去了，目前家政课程中能够看到明显本土化特征的课程却很少。通过对五所院校家政学专业所有课程名称的筛选，发现具有民族特色的课程有："中国家政思想史""中国饮食文化概论""家庭食疗与药膳""中医养生知识""中医药膳""针灸推拿技术""宁波方言与地方风俗"。其中，"中国家政思想史"、"中国饮食文化概论"和"中医养生知识"等课程是各院校几乎都开设的，"宁波方言与地方风俗"是具有宁波地区特色的校本课程。此外，在访谈中，一些学生表示在家政课程中具有中国特色、民族特色和地方特色的课程主要包括插花、茶艺和烹饪。还有学生指出，"家政服务业概论"也是一门具有本土化特色的课程，因为在国际上家政服务业和家政学是分开教授的，而在中国是联系在一起的。此外，深入了解课程大纲后可以发现一些明显的本土化内容，比如，"家庭教育学"中关于家风家训和中国传统家庭教育的理论与实践；"艺术欣赏"中包括书法艺术、曲艺艺术、戏剧艺术、文学艺术和民间艺术等；"应用礼仪"中涵盖中国文明礼仪发展的基本知识；"家庭手工"中包括剪纸等内容。从课程设置的比例来看，本土化课程的比例较低，实际上教师通常会联系中国实际情况来安排相关的课程内容。然而，总体而言，家政课程的本土化内容不够突出，占比较低，具有中国特色、民族特色和地方特色的课程开发不足，导致许多课程内容难以与中国实际社会现象结合，家政服务难以形成地方特色。

3. 本土化理念难统一，课程研究显分歧

本土化指的是外来事物为了适应当前环境而做出的变化。例如，佛教从印度传入中国时，受到了儒家的"仁爱"和道家的"清静无为"等思想的影响，发展出了中国特有的佛教。家政专业在本土化初期也符合这种趋势，比如，"家庭营养学"从西方传入中国后，受到中国传统食疗与药膳的影响，发展出"家庭膳食营养"等本土化课程。但随着中国家政理论体系逐渐完善，形成了自己独特的体系，家政专业出现了"逆本土化"的形式。逆本土化是指立足于本地发展情况，吸收外来观点，促进自我成长的过程。比如，"家庭烹饪技术"在中国传统烹饪原理和技术的发展基础上，结合西式烹调概况和西式面点、法式烘焙等烹饪技术，形成了"家庭营养烹饪学"。

　　家政专业课程设置应该立足国情走向世界，还是链接世界适应中国国情，这个问题涉及立足点的先后顺序，也决定了家政专业课程设置未来的发展方向和定位。对此，被访谈教师有不一样的见解。有的教师认为"应先把国外的一些内容研究透，比如家政学起源、发展、背景、成果、未来发展方向……然后我国家政学要去吸收转化世界的一些成果，比如家庭中的低碳减排，中国家政学要去思考怎样做出这么一个贡献，如何指导中国家政服务业做好这方面安排……所以要先去研究一下国外的研究成果，再进行家政学本土化尝试"。这是家政学本土化"引进来"的模式。还有教师认为"家政学应该是在适合我们国情的情况下，逐渐和世界接轨，这更适合现在家政学的发展，虽然它是舶来品，但是中国特色还是很明显的，因为我们的家政学科、企业、行业和国外还是有区别的，所以我们要在自己家政专业的发展的基础上再走向国际，这个思路要更好"。显然，这是一种"走出去"的模式。在这两种思维和模式下，家政专业的课程研究也呈现出两个方向，一个是面向行业和社会的发展，另一个是面向学科理论研究的前沿和动态。由此导致课程设置的定位不清晰，难以展示出课程发展的动向。这种现象表明，在课程设置上，家政专业存在两种不同的定位和发展方向。一方面，家政专业应该注重行业和社会的发展需求，将课程设置与实际需要相结合，在培养学生实践能力和促进其就业的同时，也要注重研究家政理论和探索新的发展动向，以推动家政服务行业的进步；另一方面，家政专业也要关注学科理论研究的前沿和动态，不断吸收国际上的成果和观点，与国际接轨，以保持学科的活力和多样性。然而，在实际操作中，如何平衡这两种定位仍然是一个挑战。无论采取哪种模式，都需要统筹考虑家政专业的特点和实际需求，同时也要与其他相关学科建立有效的联系与合作，以实现家政专业的整体发展。

总而言之，家政专业的本土化是一个渐进的过程，需要综合考虑国内外情况，坚持创新和实践，以推动家政学科的持续发展。合理的课程设置和灵活的教学方法可以使家政专业更好地服务于社会和学生的需求，同时也能够与国际接轨，为家政服务行业的发展做出更大的贡献。

二　家政专业课程设置本土化的影响因素

家政专业课程设置本土化的过程受诸多因素影响，从宏观的政策导向到学生个体的就业需求，从社会经济结构的调整到家庭的现实需要。当然，家政专业本土化过程的影响因素除了宏观因素和微观因素，也有外在因素和内在因素，还有自然因素和人为因素，而家政专业的本土化之路取决于哪个因素占主导地位。

（一）重要外因：国家政策导向和市场需求

国家政策导向和市场需求是影响家政专业课程设置本土化的重要外部因素。近年来，国家陆续出台了许多与家政相关的政策文件，其中包括《国务院办公厅关于促进家政服务业提质扩容的意见》和《家政兴农行动计划（2021—2025 年）》等，这些政策文件的发布推动了家政服务业的规范化发展，也促进了家政学科的高质量发展。国家政策导向为家政专业的设立和发展提供了良好的机遇。在国家政策的引领下，国内许多高校相继设立了家政相关专业。同时，家政市场对专业人才的需求非常迫切。商务部公布的数据显示，2021 年上半年中国家政服务行业市场规模超 3000 亿元，同比增长 8.6%。家政服务企业数量突破 100 万家，超过 3000 万人通过家政服务行业获得收入，家政服务行业总营业收入达到5762 亿元，同比增长 27.9%，持续高速发展。[①] 2021 年 4 月，人社部发布

---

① Fastdata 极数：《【深度报告】2021 年中国互联网家政服务行业报告－Fastdata》，搜狐网，2021 年 8 月 3 日，https：//www.sohu.com/a/481107810_120164873。

2021 年第一季度全国"最缺工"的 100 个职业排行，其中家政服务员已经连续四个季度位列前十。[①] 在政策和市场的双重推动下，家政专业课程设置进行了重新规划和调整，更加符合市场需求和国家对职业技术人才的期望。尤其是在职业院校，家政专业的培养目标体现了以习近平新时代中国特色社会主义思想为指导，培养适应现代社会需求的技术技能型人才。

（二）关键内因：家政专业课程教学目标的定位和教学内容的选取

家政专业课程设置的本土化进程受到教学目标定位和教学内容选取的直接影响。学生们在访谈中提到，他们很少接触到具有中国特色、民族特色和地方特色的课程内容，但在某些课程中，他们会感受到课程内容的本土化元素。因此，研究课程本土化必须回归到课程内容本身。以 J 校的"家庭护理学"课程为例，该课程的教学目标主要包括使学生学习和掌握基础护理、生活服务、健康管理与健康教育服务以及家庭内外环境调整等方面的知识技能。从教学目标来看，本土化特征不太显著，而教学内容的安排似乎也缺少本土化元素。然而，如果教师在整个授课过程中能结合当前家庭护理的需求，指导学生掌握家庭护理知识和技能，这将提升这门课程的本土化程度。在访谈中，教师提到教学内容的本土化是一个比较深刻和复杂的问题，主要取决于教师对本门课程的理解，以及课程内容与中国本土情况的结合程度。具体体现哪些内容，如何进行体现，都是一项需要技巧的工作。一些教师表示目前缺乏与家政专业课程相关的教材，这使得教师在备课过程中面临很大困难。他们的教学资料有限，只能通过举例等方式让学生了解当前市场状况。因此，教师对课程的把握程度和本土化意识决定了教学目标和教学内容，而教学目标的定位和教学内容的选取直接影响课程的本土化效果。

（三）直接动因：学生就业需求

学生就业需求是家政专业课程设置本土化的直接动因。研究显示，家政

---

① 《2021 年第一季度全国招聘大于求职"最缺工"的 100 个职业排行》，中国政府网站，2021 年 5 月 1 日，https：//www. gov. cn/xinwen/2021-05/01/content_5604389. htm。

专业毕业生就业于家政行业相关工作的比例极低，一方面主要是择业观念导致，另一方面是能力结构失衡所致。市场更需要的是高层次技术技能型人才，而学校培养的更倾向于培训管理类人才。为了促进学生就业，课程内容不能仅停留在理论层面，而应该紧密结合实际需求进行本土化。因此，院校在设置专业课程时应更多考虑学生未来的发展。例如，在访谈中，学生们谈到课程对工作的影响，一些课程如家具保养、电器使用、绿植养护等的基础理论在实际服务中发挥了重要作用。还有学生提到，将在学校所学的理论知识应用到实践中，可以让他们更好地理解雇主和家政服务员之间的矛盾统一关系，以及家政公司在其中所起到的巨大作用。从这些访谈中可以看出，课程知识对于学生就业是具有价值的，但也可以发现学生更多的是肯定理论知识的价值，这说明相关课程的价值在实践中并没有得到充分体现，或者体现的内容并不符合当前市场需求。因此，学生需要在工作中将理论知识付诸实践。这也反映出当前实践教学的本土化存在与课程定位不匹配的问题。院校可以通过毕业学生就业情况的反馈来调整授课内容，这也是实现课程本土化的一种途径。因此，学生的就业需求是直接影响家政专业课程设置本土化的重要因素。

综上所述，影响家政专业课程设置本土化的因素众多。除了前面提到的主要因素外，学科教材的编制、课程任务以及教师的专业水平、教学方法、适应能力和综合素质等也会对家政专业课程设置的本土化产生影响。对这些因素的划分并没有绝对的标准和界限，内在因素和外在因素可以相互转化，宏观因素和微观因素相互交织，自然因素和人为因素很难区分开来。对于某些院校来说，政府政策和市场导向的整体环境非常重要，而对于其他院校来说，师资结构和专业技能则更为关键。在课堂教学中，教学方法的接地气与受欢迎程度因人而异，教师个人因素起着决定性作用，学生的学习兴趣、学习能力等有时也非常重要。因此，对于以上种种因素，有必要结合具体情况进行综合分析。

三 家政专业课程设置本土化的发展策略

在中国开放多元的社会背景下，家政学面临着如何在专业课程中体现习近平新时代中国特色社会主义思想，如何形成具有国家或区域特色的课程体系，以及如何开展本土化课程框架建设等问题。因此，重视家政专业课程的本土化建设具有重要意义。家政专业课程的本土化发展，旨在满足学生的发展需求，顺应当前社会需求，体现具有民族特色或区域元素的课程变革。因此，家政专业课程设置本土化的策略应立足于学生的发展，关注社会需求，并突出区域元素，以确保本土化之路稳健可行。

（一）立足学生发展，优化课程设置

家政专业课程的特点是贴近生活、实用、知识多样、范围广泛。然而，这种特点也容易导致学生学而不精。在访谈中，许多学生表达了对家政课程内容散而广的感受，表示很难全面吸收，有些课程对就业帮助不大，更偏向于社会学的属性。还有学生认为课程内容较宏观且广泛，实践教学的课时不足，这导致应届毕业生的核心竞争力较低。此外，还有学生表示家政学的学习重点不够突出，课程缺乏聚焦度。基于这些反馈，学生们希望调整和优化课程设置。例如，他们建议学生在大一对所有家政课程进行系统了解后，可以根据个人兴趣选择一到两个方向的课程深入学习，这样可以避免在不感兴趣的课程上花费过多时间。另外，学生们建议根据学校依托的相关资源设置专业方向，以增强家政学专业的针对性和方向性。对于职业院校而言，在专业课程设置上需要明确定位，可以划分模块或方向，如养老护理、育婴、企业培训与管理等。学校可以根据学科资源配置来设置这些方向。例如，G校可以根据现有的健康管理和托育服务专业来设置家政健康管理和家政育婴方向，这样学生就可以根据自己的兴趣和就业需求选择感兴趣的专业方向。同时，在这个基础上实行导师制，由导师负责学生的校企合作、产教融合项目。在毕业学期，学生可以根据自己选择的方向就业或完成相关研究。采用这种课程模式需要注意的是，专业方向课程应占总课程的70%以上。然而，鉴于家政学的综合性特质，除了家政学科领域内相关课程外还需涉猎其他课程。例如，家政健康管理方向的课程设置应与健康管理专业的课程设置有所不同，应是在家政领域或在家政管理领域中的健康管理课程，这样培养出的人才具备家政学科属性和特点。

可以采用"平台+模块"的课程设计。平台课程包括公共基础课、学科基础课、专业基础课，满足学生全面发展的共性需求，关注其发展潜力。模块课程是不同方向的课程包，如家庭教育、家庭清洁、家庭护理等方向，每个方向下有8~10门核心课程，并对应3~5个核心岗位，侧重于培养学生的实践应用能力。该课程设计可以让学生在掌握基础知识后根据学业规划、就业规划和创业设计自主选择不同模块课程来学习，从而实现人才的分流。学生的发展需要具有目标性和方向性，因此课程设置的本土化需要优化，使当前的家政课程设置更具方向性和融通性，以更好地解决人才培养定位的问题。

（二）着眼社会需求，完善课程内容

研究显示，当前家政行业和市场发展迫切需要育婴、养老、收纳、家政教育等方面的技术技能型人才。其中家庭餐制作、婴幼儿保育与教育、家庭教育指导、收纳整理在技能培训上颇受市场青睐。此外，访谈中有职业院校学生表示还需要强化或增加的课程有奢侈品鉴赏、家庭餐制作、基础保洁等一线技能课程。普通院校学生则表示需要强化或增加劳动教育、老年教育、婴幼儿早期教育、家政培训等教育培训类课程。还有一些学生认为目前家政课程种类已经很多，不需要增加课程，但是需要加强实践教学。

完善课程内容需要做好以下三个方面工作。第一，明确目标定位，院校应明确自己的培养目标是培养技术技能型人才还是应用型、复合型人才，从而规划相应的课程内容。如果目标是培养技术技能型人才，就需要增加一线技能训练课程。第二，对接市场需求，职业院校应通过校企合作、工学结合或"双元制"模式，根据岗位需求优化课程设置，确保学生所学知识可应用于实际工作。例如，与养老机构对接的课程可以加强老年人相关基础知识和养老护理技能等方面教学；与月子中心对接的课程可以加强产后康复、月子餐制作和母婴护理等方面教学。普通院校可以通过产学研模式，结合国家政策导向和产业发展趋势，优化课程设置，将研究成果应用于产业发展过程中，例如优化家政服务流程、创新企业经营模式、规范培训内容等。第三，满足学生需求，家政专业需要具备更高的灵活性，在课程设置上满足学生的学习需求。这种灵活性可以体现在学生对学习需求的调整上。通过充分利用家政专业的学科性质，加强学科资源的整合，形成线上教学资源平台。整合国家开放大学等相关教育机构线上线下教学资源和企业优秀的培训课程，为学生提供高效、便捷的网络选修课程，以满足他们对技能发展的需求。总之，要平衡好家政课程内容，确保家政专业的培养目标与市场需求相适应，同时满足学生的学习需求，使家政行业适应当前经济发展的需求。

（三）突出地方特色，构建校本课程

家政服务业在市场上是一个地域性极强的服务业，家政市场划分出华东、华南、西北、西南、东北等各个区域，甚至还具有很强的地方保护特色。然而，家政专业课程设置并没有明确的界限，家政学科高度一体化，这导致家政专业毕业生在就业时面临地方适应性等问题。因此，家政专业如果构建出具有本地特色的课程，不仅能增进学生对当地家政行业发展情况的了解，而且有助于推动地方家政行业和地方品牌的发展。G校位于粤港澳大湾区，可以基于"南粤家政"的发展规划开设本土化的校本课程，例如"南粤家宴制作""粤港澳大湾区家政行业发展""德庆家嫂""肇庆管家"等。校本课程的构建不仅仅是一个学校或学院的事情，还需要联合地方家政协会、妇联和家政企业共同制定课程内容，这样课程设置才具有地方性、专业性、现实性和发展性，才能经得起市场的考验。如果每个地区都能制定本土化的校本课程或区域课程，将有助于家政服务的标准化发展，真正推动家政专业的本土化发展。因此，家政专业的本土化课程设置需要发挥民族特色和地方特色，使家政专业本土化路径具有中国特色。

四　结语

本土化是一个发展过程，任何一种课程设置都处于发展变化之中。国外的家政学研究层次高、内容深、范围广，以美日英三国为代表的国家家政专业课程设置本土化的研究尤为突出。每个国家在课程设置方面都会结

合本国国情进行构建，因此国外的相关研究在本土化方面多从社会大环境出发进行分析，并且对家政专业课程设置本土化从历史的角度进行论述。目前，我国家政专业正处于建立之初，学界对家政专业课程设置本土化研究不够深入。从实践的角度来看，真正进行本土化研究并将成果付诸实践的工作仍然不足，仍需要更多学者进行有针对性的实践研究。因此，构建面向市场需求、支持产业发展、服务于经济社会、适应科技创新、体现地区特色的本土化课程体系，还需要进一步探索。课程的质量需要时间来检验和评价，要在本土化过程中进行"理论—实践—理论"的循环检验。总之，家政专业课程设置的本土化要坚守培养高素质应用型人才和高层次技术技能型人才方向，坚持产教融合、校企合作、工学结合人才培养模式，厘清研究链、教育链、培训链、管理链、技能链、产业链等人才培养渠道，迈向高质量高层次的本土化人才培养新阶段。

（编辑：王会然）

A Study on the Localization of the Curriculum of Home Economics Programs

LIN Liping, *LIANG Ying*

（Guangdong Business and Technology University, Zhaoqing, Guangdong 526000, China）

Abstract: The localization of home economics is an inevitable development process, and the localization of home economics curriculum is an important manifestation of the localization of home economics, which is not a simple "copinism," but to build a curriculum system that adapts to China's social needs, cultural background, national sentiment, economic development, and employment orientation so that the curriculum of home economics has more localized elements and social relevance. The study based on the home economics curriculum in five different types of colleges and universities, this paper presents the current situation of the localization development of the discipline of home economics, analyzes the influencing factors of the localization of the curriculum, and explores the development approaches for the localization of the curriculum so that the discipline will spread in China and bear fruits with China characteristics.

Keywords：Home Economics Programs；Curriculum；Localization

明朝中后期与都铎时期妇女家庭事务比较研究

孙连娣

（河北地质大学，河北石家庄 050031）

摘　要： 比较史学视野下的明朝中后期与都铎时期妇女家庭事务的对照是当前学界研究的热点问题。明朝中后期与都铎时期的妇女以家庭生活为主，不仅要从事家务劳动、打扫卫生等常规性劳动，而且要进行生产性活动以及人员的管理、财产的调配等。相比而言，都铎时期男性较少参与家庭劳动，妇女在家庭劳动中具有连贯统一性，从农业、饲养业到手工业，甚至涉足商业、服务业，形成产业化，具有资本主义的时代特征，而明朝中后期的家庭流行男耕女织、共同劳作的形态，妇女以服务家庭物质生活为主，更加日常化。

关键词： 明朝中后期；都铎时期；妇女群体；家庭事务

作者简介： 孙连娣，历史学博士，河北地质大学马克思主义学院讲师，主要研究方向为中西文化比较、妇女史、家庭史。

引　言

改革开放以来，中西方社会史学的比较研究逐渐受到关注，尤其是 20 世纪 80 年代以来，以妇女为主体的专门性成果不断涌现，推动了妇女群体家庭生活研究的纵深化发展。近年来，国内外史学界针对明朝中后期或是都铎时期不同阶层妇女家庭活动的研究成果较多。例如，国外学者劳伦斯·斯通所著的《英国的家庭、性与婚姻 1500—1800》从家庭层面论述了 16~18 世纪英国社会各个阶层妇女的家庭婚姻状况；① 国内学者裔昭印等

---

① 〔英〕劳伦斯·斯通：《英国的家庭、性与婚姻 1500—1800》，刁筱华译，商务印书馆，2011。

所著的《西方妇女史》对西方妇女从古到今的发展历程做了系统的阐述，纠正了人们对妇女历史认识的偏差和失误。① 再如，陈宝良所著的《中国妇女通史·明代卷》对妇女群体在家庭生活中的各个方面进行分析，认为妇女的历史是被男性建构出来的，试图揭开明朝中后期妇女生活的真实面貌；② 朱寰主编的《亚欧封建经济形态比较研究》对亚欧四国的封建经济形态做了比较分析，该研究对于了解其他国家的封建社会经济史有一定的启迪作用；③ 侯建新所著的《社会转型时期的西欧与中国》将中古晚期和近代早期西欧的经济置于当时经济社会的整体架构内，探究其得以成功的根源，同时与中古晚期和近代早期的中国社会进行了实证性比较，深化了西方与中国的历史思考。④

需要注意的是，目前学术界关于明朝中后期与都铎时期妇女群体家庭生活的研究多呈现各自研究的态势，主要包括三个方面：一是大部分国外学者及部分国内学者专门以都铎时期妇女群体的活动为研究对象，多数国内学者则是以都铎时期或者明朝中后期妇女群体为研究对象，而将明朝中后期与都铎时期各阶层妇女群体进行比较的研究相对较少；二是关于明朝中后期与都铎时期的比较多集中在经济和社会形态上，而非集中在家庭事务与家庭生活上；三是关于明朝中后期与都铎时期妇女群体家庭活动的比较多是综合性的分析，尚未见有明朝中后期及都铎时期妇女家庭事务研究的专文。通过对明朝中后期与都铎时期妇女家庭事务的比较，可以窥探妇女群体家庭地位的变化趋势，并进一步厘清中西方妇女权利演变的不同脉络，尤其为探索中国古代妇女史提供参考和借鉴。

明朝中后期与都铎时期妇女群体活动的主要场所仍然属于家庭，"早期现代理论家认为，妇女的适当领域是家庭，在那里她们可以扮演尽职的女儿、妻子和寡妇的角色"。⑤ 在家庭生活中，两性关系始终处于男女之间

---

① 裔昭印等：《西方妇女史》，商务印书馆，2009。
② 陈宝良：《中国妇女通史·明代卷》，杭州出版社，2010。
③ 朱寰主编《亚欧封建经济形态比较研究》，东北师范大学出版社，1996。
④ 侯建新：《社会转型时期的西欧与中国》（第二版），高等教育出版社，2005。
⑤ Jacqueline Eales. *Women in Early Modern England*，*1500–1700*. UCL Press，1998，p. 58.

权利与义务的博弈中，但主流趋势仍是以男权社会为主体，"家庭不但是社会的基本经济单位，它也提供政治和社会秩序的基础。家庭被比喻成国家，在传统的政治思想中国王是他的人民的父亲，父亲则是他家中的国王"①。然而，伴随明朝中后期与都铎时期商品经济的发展、政权结构的调整、社会职业的多样、城镇市场的扩大、思想文化的激进等变化，妇女群体的生活也发生了新的变化。不同阶层、不同地区、不同社会环境（城镇与农村）的妇女群体在其家庭生活中较欧洲中世纪早中期（明朝早期）有了一系列细微的差别，这些差别不仅关系到妇女群体在家庭中的日常生活轨迹，还对妇女家庭地位的改变产生重要影响。本文以明朝中后期与都铎时期家庭结构和妇女家庭地位的变迁为切入点，对明朝中后期与都铎时期各阶层妇女群体在家庭事务方面进行比较，探讨其异同点，从而揭示妇女群体在家庭组织结构变迁与社会功能演变之间发挥的重要作用。

一　明朝中后期与都铎时期中英家庭结构比较

家庭是社会组织结构中的基本单位，是以婚姻和血缘关系为纽带的社会组织形式。男女婚姻的维系依靠地位、权利、爱情等因素，家庭结构和组成模式会随着社会形态的发展而演变，"英国的家庭结构在 15 世纪以后，经历了若干形态，缓慢地发生了变化。至少在上层阶级，1450～1630年开始出现了'开放的血统家庭'的形态，家庭生活比较容易接受家庭周围的共同体的规定与亲属的介入"②。由此说明家庭形态与社会环境之间密切相关。朱孝远评论道："家庭作为一种情感组织，只是现代的、资本主义的产物，在中世纪，家庭的社会功能相当广泛，以至成为自卫、政治、学习、司法、宗教和生产单位，到了近代社会，中世纪的许多家庭功能逐

---

① Susan Dwyer Amussen. *An Ordered Society：Gender and Class in Early Modern England*. Oxford：Basil Blackwell，1988，p. 1.
② 〔日〕北本正章：《儿童观的社会史——近代英国的共同体、家庭和儿童》，方明生译，上海教育出版社，2020，第 32 页。

渐为国家、社会、学校和教会所取代。"① 由此形成了英国现代意义上的核心家庭，"英国的大多数家庭是现代意义上的核心家庭——丈夫、妻子和孩子，很少与长辈或者其他亲戚住在一起"②。上述 15 世纪英国家庭结构的变化与明朝中后期核心家庭和折中家庭逐步增多的社会情形相似。对于社会转型时期的英国以及处于商品经济发展中的明朝中后期而言，"家庭功能的变化和实现是随着此期家庭组织结构的演化而同时发生的"③，家庭组织结构的调整，对分析妇女家庭生活状况以及地位的变迁同样起到推动作用。

（一）家庭构成比较

明朝中后期与都铎时期的家庭模式较为相似，明朝中后期的家庭模式分为累世同居的共祖家庭、直系家庭、主干家庭与核心家庭，而都铎时期的家庭结构有"开放的世系家庭"、"有限的家长制核心家庭"和"封闭亲密的核心家庭"，由上文对比可知，中英的家庭结构有一个共同特点，即多种家庭模式共存。但两者之间也有不同，都铎时期，核心家庭模式在英国占据主导地位，"1550—1700 年，家庭模式逐渐转变为'限定父权制核心家庭'，共同体介入涉及的范围因家长的选择而受到限制，同时，伴随家庭规模和家长权威的再次强化，形成了以家长-父亲为中心的小规模家庭"④。这表明，联合性的家庭结构在都铎时期的英国并不是很普遍，这与明朝中后期主干家庭、联合家庭及核心家庭的普遍存在形成了鲜明对比。但是，都铎时期的核心家庭模式也并非固定的，其随着家庭结构和功能的不断演进，逐渐呈现由大家庭向小家庭演变的趋势。传统的家庭结构仍然延续大家庭形式，尤其是贵族家庭几代人共同生活比较常见，大家庭的运行基础是土地所有权和家长对土地的控制，家庭成员之间相互协作。

---

① 朱孝远：《近代欧洲的兴起》，学林出版社，1997，第 379 页。
② 赵秀荣：《近代早期英国社会史研究》，中国社会科学出版社，2017，第 167 页。
③ 郝绪兵：《试论近代早期英国家庭功能的演变》，《天府新论》2008 年第 6 期。
④ 〔日〕北本正章：《儿童观的社会史——近代英国的共同体、家庭和儿童》，方明生译，上海教育出版社，2020，第 32 页。

而发展至都铎时期，这种大家庭模式逐渐被核心小家庭取代，如这个时期"正常的家庭规模不大，因为它是一个简单的核心家庭"①。这也是为了适应社会经济发展需要而产生的。当然，都铎时期家庭组织结构的变迁也并非一蹴而就的，"财富的增加、城市生活的发展、伦敦扩展成一个大都市以及中央政府的加强，这一切都为包括家庭生活结构在内的其他文化发展创造了条件"②。另外，就家庭规模而言，都铎时期的家庭呈现由大变小的趋势，从世系大家庭逐步向小家庭转变。小家庭主要由一对夫妇及其子女组成，家庭内聚力增强，家庭成员之间的亲情关系也更加强烈，使家庭对土地的依赖逐渐减弱，家庭的功能趋于简化，逐渐向国家、社会功能转移，这与明朝中后期的家庭结构如出一辙。

长期以来家族礼制观念在中国根深蒂固，"家人有严君焉，父母之谓也。父父、子子、兄兄、弟弟、夫夫、妇妇，而家道正，正家而天下定矣"③。家庭成员的礼仪秩序常被解释为中国社会的主要特征。然而，至明朝中后期，随着商品经济的发展，手工业、商业经济创造的产值已显著增多，人们赖以生存的农业经济出现衰落的迹象。同时伴随大官僚、大地主对土地的兼并，大部分农民失去土地，加之赋税沉重，为了维持家庭生活，人们逐步走向社会劳动，以至于没有更多的经济财富来维系大家庭成员的日常支出。人口多了供养不起，缩小家庭规模也不行，因为家庭的职能必须服从社会的需要，必须完成基本的抚养老小的任务，供养能力与供养需要便在"三代五口"之处找到了平衡支撑点。④ 在此种大背景下，明朝中后期的家庭组织结构开始转向以核心家庭为主。

明朝中后期的核心家庭成员包括直系的父母和旁系的叔伯兄弟，家族同居共财是普遍存在的一种家庭模式，这是导致明朝中后期家庭结构难以

① D. M. Palliser. *The Age of Elizabeth*: *England under the Later Tudors 1547 - 1603*（Second Edition）. New York: Longman，1992，p.45.

② 〔美〕斯图尔特·A. 奎因、罗伯特·W. 哈本斯坦：《世界婚姻家庭史话》，卢丹怀等译，宝文堂书店，1991，第317页。

③ （魏）王弼等注，（唐）孔颖达等正义《周易正义》卷四《家人》，上海古籍出版社，2007，第50页。

④ 邢铁：《家产继承史论》，云南大学出版社，2000，第10~11页。

继续缩小规模的原因之一。由于明朝中后期实行重田地而轻人丁的措施，故也在一定程度上促使家庭规模向大家庭发展，同时伴随一定核心家庭和主干家庭的存在。但是，都铎时期的家庭规模并非如此，"都铎时期家庭的平均规模相对较小，通常是一个由丈夫、妻子和子女组成的核心家庭，有或没有仆人"①。家庭成员之间除了具有血缘关系的长辈和亲戚外，还包括仆人与学徒。"当时的家庭观念与今天不同，当他们谈论家庭时，不是指有血缘关系的人，而是跟他们住在一起的人，这包括那些有契约关系的人。"② 这是由英国当时的社会环境、家庭理念决定的，与明朝中后期家庭规模的形式及影响因素有所区别。

（二）妇女在家庭结构变迁中的地位变化

家庭规模的转变引发了妇女家庭地位的变化，都铎时期和明朝中后期之前，妇女是男性的附属，在家庭中处于次要地位。随着社会经济的发展，妇女在家庭中的地位表面上看似是对前期的延续，实则正在发生微妙的变化。中国封建社会的宗族观念对家庭组织结构影响很深，但到了明朝中后期出现了两种发展趋势：一是上层贵族阶层的家族观念要强于平民阶层，二是南方的宗族观念要比北方深化。正如顾炎武所言："今日中原北方，虽号甲族，无有至千丁者，户口之寡，族姓之衰，与江南相去复绝。其一登科第，则为一方之雄长，而同谱之人，至为之仆役。此又风俗之敝，自金、元以来，凌夷至今，非一日矣。"③ 这不仅反映了不同地域、不同阶层之间的家庭结构存有区别，还体现了宗族势力的减弱以及宗族观念的分解，妇女的家庭地位在这一过程中也随之出现变化。

都铎时期奉行父权制、夫权制，男尊女卑的家庭模式是主流，妇女在家庭中扮演附属的角色。商品化、市场化、城镇化的发展，促使雇用劳动

---

① D. M. Palliser. *The Age of Elizabeth*：*England under the Later Tudors 1547 – 1603*（Second Edition）. New York：Longman，1992，p. 72.
② 赵秀荣：《近代早期英国社会史研究》，中国社会科学出版社，2017，第 167 页。
③ （清）顾炎武著，（清）黄汝成集释《日知录集释》，栾保群、吕宗力校点，清道光西谿草庐刻本，第 613 页。

力资源成为主要趋势，这一趋势为妇女地位的变化提供了契机。妇女群体原有家庭地位出现变动，她们在家庭劳动中创造的财富逐渐增多，男女之间的关系也更趋近平等，"这是一种'家'分裂为经营与家庭的变化中，与家长权威实质性地衰退相照应的变化"①。因此妇女的家庭地位得以提高。由于家庭组织结构的变革，夫妻感情逐渐受到重视，夫妻双方在家庭关系上更加追求男女平等，性别、年龄、地位等因素在两性关系中的影响减弱，这种现象主要表现在配偶选择的自主权、家庭财产的继承权等方面，同时也反映出个人主义思潮的扩大。这表明家庭结构的变迁是历史发展的客观需要，小家庭的模式更有利于维护家庭的和谐和夫妻感情的稳定。但我们也需认识到，由于家庭转型的阶段性和持续性影响，都铎时期核心家庭的夫妻双方还要受到中世纪大家庭家长式的干预，这种并存的局面也成为都铎时期独具特色的家庭模式，"16世纪初开放性血亲家庭演进而来的家长式核心家庭"②，即一种有限的家长制核心家庭。

都铎时期上层和中下阶层家庭之间还存在等级上的差异。上层家庭对女子婚姻自主选择权干预较多，且不排斥家庭的大规模扩展，而下层家庭妇女要更早进入社会劳动，自主权相比上层妇女要更加宽泛一些。相比明朝中后期的妇女，都铎时期妇女在家庭中的情绪能量要远远超过男性，并且在某些情况下，母亲是家庭的灵魂。同时，都铎时期的男女地位相对来说更加平等，妇女与男子一样参加家庭生产活动，夫妻之间比较重视感情，这就减少了家长制的独断专行，小规模核心家庭的氛围也随之变得宽松、和谐。

二 明朝中后期与都铎时期中英妇女家庭事务特征

随着市场规模的扩大以及商品经济的发展，明朝中后期与都铎时期各

---

① 〔日〕北本正章：《儿童观的社会史——近代英国的共同体、家庭和儿童》，方明生译，上海教育出版社，2020，第33页。

② Keith Wrightson. *English Society 1580 – 1680* (Sixth Impression). London：Routledge，2005，p. 48.

阶层妇女群体在家庭中的地位显著提高，甚至在一定程度上能实现与男子"同工同劳"，这种现象突出表现在女性所从事的各项家务劳动，以及作为女主人对家庭各种事务的管理上。女性的日常事务虽然烦琐劳苦，但能为家庭创造收入，这使妇女成为男子得力的家庭助手。家庭是这一时期妇女生活和劳作的主要场所，妇女通过对家庭日常事务的管理可以使家庭和睦、稳定创收，家庭各项事务也有条不紊地运行，这均是妇女成为贤妻良母①的重要体现。明朝中后期与都铎时期妇女从事的家庭事务较为繁杂、琐碎，无不体现出妇女的劳动技能和家庭管理能力。家庭妇女面对的人群也较为多样，不仅有丈夫、子女等亲属，还有仆人等雇用人员，他们的吃、穿、住、行各方面都是主妇负责的范畴。

（一）等级性特征

通常所说的明朝中后期与都铎时期妇女在家庭日常事务上的对比，要充分考虑到不同社会等级妇女群体的不同身份比较研究，即中西方妇女同一等级的相互比较。同时，我们也应认识到贵族阶层的妇女极少参与到家庭事务的劳动中，而是以家务管理为主；平民阶层的妇女则直接参与到家庭的各项劳作中，当然也不排除作为女主人对家庭雇用仆人的管理。明朝中后期的宫廷妇女最接近政治统治核心，她们的日常生活多为统一安排，其管理职责则是权利范围之内的责任，如皇后有管理后宫嫔妃的权利，而普通妃嫔则要管理好所属的奴仆等，故而这是一类极为特殊的妇女群体，与民间妇女的家庭日常生活有所区别。都铎时期不同阶层家庭妇女所需承担的日常事务也不尽相同，都铎时期的贵族妇女以管理为主，平民阶层妇女则亲自从事各项生产劳动，所涉方面众多，从家务劳动、家庭生产，到产品买卖和子女教养，均承担了更多的责任，因此我们在对比明朝中后期

---

① 此处需要注意的是，妇女家庭事务的比较是基于整体的视角，从家庭劳务、家庭管理、家庭生产三个方面展开，这与第四部分妇女家庭角色中为人妻、为人母、为妻贤时所涉及的家庭事务看似有些许重叠，但侧重点不同。家庭角色中所涉及的家庭事务活动是从妇女各个生命阶段所从事的家庭内容来剖析妇女的角色特点的，而本部分家庭事务比较则是将妇女在家庭中所从事的各类事务进行分类综合研究，重点在于妇女所处理的家庭事务类别，以此来分析明朝中后期与都铎时期妇女在家庭活动中地位的变化。

与都铎时期妇女家庭日常生活时不仅要注重不同国家同一等级妇女的比较，还要注意到同一国家不同等级、不同区域妇女的比较。

（二）阶段性特征

阶段性也反映在明朝中后期与都铎时期妇女的家庭日常事务中。由于妇女群体在家庭生活中扮演着妻子、母亲的阶段角色，每一阶段妇女所处的家庭地位不尽相同，故在家庭劳务中所担负的职责也有所差异，这为分析妇女家庭事务内容的变迁提供了重要依据。明朝中后期的妇女从婚后成为妻子的一刻起，要承担起家庭各项劳务，包括田间劳作、饲养牲畜、养蚕织布、家务整理、侍奉公婆等劳动，从妻子转化为母亲后，女性则要更多地承担起教育子女、管理奴仆等活动，这体现出其在家庭劳动中的重要地位。都铎时期的妇女在不同角色阶段所负担的家庭内容也有所不同，但与明朝中后期妇女相比，其生命中各个阶段所承担的家庭劳务压力要更大，家庭对其要求也更高。由于都铎时期男子常年在外，因此妇女就需要负责家庭的多重事务，主要包括"管理庞大的封地、组织各个庄园的事务、监督农民的耕种"① 等，还涉及家务劳动、农业种植、饲养牲畜、手工业生产、教育子女等家庭活动。家庭事务的处理，能够体现出家庭主妇的辛勤劳苦和所具备的多种劳动技能，这也是评判妇女是否称职的重要指标。

总体而言，明朝中后期与都铎时期妇女以家庭生活为主，其中又以日常事务为主要内容，她们不仅要从事家务整理、打扫卫生等常规性劳动，还要进行生产性活动以及人员的管理、财产的调配等，必要时还要协助丈夫处理生意上的事务，因此她们既是家庭事务管理的主要负责人，也是男子的得力助手。两个阶段妇女群体的家务活动深刻反映出妇女家庭地位显著提高，与男性之间同分话语权。但由于所处历史环境和社会文化的不同，都铎时期与明朝中后期的妇女在处理家庭日常事务的内容以及方式上存有一定差异。

---

① 〔以〕苏拉密斯·萨哈：《第四等级——中世纪欧洲妇女史》，林英译，广东人民出版社，2003，第164页。

三　明朝中后期与都铎时期中英妇女家庭劳务及生产比较

妇女群体所从事的家务劳动主要是指亲自参与的各项家庭劳务，是服务性质的，因此所包含的妇女群体主要是中下层妇女，在对比方面也主要是明朝中后期与都铎时期平民阶层妇女的比较。中英两国妇女承担的家庭劳务量较大，承担的劳作种类也较多，这要求妇女掌握多种家庭劳动技能。明朝中后期的妇女要具备正确处理家庭事务的能力，营造和谐互助的家庭氛围，她们需要通晓各项技能，史载："凡物要有收拾，凡事要有料理，此又是勤俭中最吃紧工夫。苟无收拾，没料理，纵使极勤极俭，其实与不勤不俭同。正如读书人只读死书，了无用处也。"[1] 这就使得妇女能够"率由力作起，始归而绩，中夜不休。及既饶，绩犹故也。始归而跣履摄衣，即敝垢不数易。及既饶，敝垢犹故也。始归而务纤啬，即毫厘圭撮必矜。及既饶，矜犹故也"[2]，将所有家庭事务打理得井井有条。

同样地，都铎时期中下层妇女也主要负责家庭内的各种日常劳务工作，如烹饪、烘烤面包、熏肉、制奶酪等，不仅劳务量大，而且较为烦琐。当时妇女在家中的忙碌程度毫不逊于男性，妇女经常"从清早起床，就开始扫地、清洗、生火，要给孩子们穿衣、做饭，然后送他们上学；为丈夫准备饭菜和更多的食物等就占据了她一上午的时间。下午她则要纺织、编织、洗衣、擦洗家中的一切。然后要给予丈夫和孩子们进一步的关注。晚上她被孩子的哭声吵醒，要起来给孩子喂奶等"[3]。再如，乡村妇女"在为家人做早餐之前，她们要打扫房间，收拾餐具柜或碗柜，并将房间里的所有物件摆放整齐；然后，她们还要挤奶，过滤牛奶，喂小牛，给孩子们梳洗打扮"[4]。由此说明，在都铎王朝时期，无论城市还是乡村妇女在

---

① （明）陈确：《陈确集·别集》卷 10《补新妇谱》，中华书局，1979，第 524 页。

② （明）汪道昆撰《太函集》，明万历刻本，第 353 页。

③ Anthony Fletcher. *Gender, Sex and Subordination in England, 1500 - 1800.* Yale University Press, 1995, pp. 229-230.

④ 〔英〕露丝·古德曼：《百年都铎王朝》，杨泓、缪明珠、王淞华译，广东人民出版社，2018，第 72 页。

家庭劳作中都异常艰辛。同时，我们也注意到都铎王朝时期家庭男女之间的分工有所不同，通常男子在外劳动，妇女则在家中从事家务劳动，例如，"男子挣钱、在外闯荡、保护家人；妻子则收藏男人带回来的东西，等候在家并分配丈夫劳动所得……并保持家中干净整洁"①。当然，随着妇女逐步走出家门从事社会职业劳动，妇女的主要精力也逐步放在家庭事务之外，但就妇女的本职工作而论，仍然是以家庭劳务为主。

受社会环境和风气的影响，明朝中后期的妇女群体在家庭劳作中要始终秉持勤俭持家的标杆，这与都铎时期的一部分城镇妇女相比有所不同，《补新谱妇》中有载："今日房中之人，即他日受代当家之人，故须预习勤俭。为新妇贪懒好闲，多费妄用，养成习气，异日一时难变矣。"② 这表明明朝中后期妇女在处理家庭事务中要始终牢记勤俭二字，才能发家致富。而都铎时期的城市妇女在家庭生活中则更为开放，消费观念要更加超前，这与当时英国社会经济的快速发展和转型有重要关联。

由于明朝中后期与都铎时期的中下层家庭仍然盛行自给自足的小农经济，故而这一阶层的妇女为了维持家庭生活的正常运转，也较广泛地加入家庭生产中。但是需要指出的是，这里提到的家庭生产仅代表妇女参加的家庭日常事务，与妇女的社会经济活动指代的内容并不相同。此处的家庭生产多是指非营利性的活动，以满足家庭成员的基本物质需要为临界点，而剩余产品的买卖活动并不属于本部分的分析内容。都铎时期与明朝中后期的家庭妇女均参与家庭生产，其劳动量很大，日常事务的内容也较为相似，包括收割农作物、喂养牲畜等，区别在于都铎时期的妇女在家庭生产劳动中涉及的范围要更广。她们已从农业、饲养业扩展到手工业，并能够形成产业化发展，如从养羊发展到毛纺织业，更具有资本主义的时代特性。

明朝中后期的妇女在家庭劳动中并未如都铎时期的妇女一样，她们未形成一体化的劳动生产模式，仅仅是满足家庭成员的生活所需。妇女广泛

---

① Susan Dwyer Amussen. *An Ordered Society*：*Gender and Class in Early Modern England*. Oxford：Basil Blackwell，1988，p. 106.

② （明）陈确：《陈确集·别集》卷 10《补新妇谱》，中华书局，1979，第 523~524 页。

参与到家庭生产劳动中，即传统社会所盛行的"男耕女织""自给自足"的小农经济，尤其是在男子外出期间，妇女要承担起家庭生产的主要劳动，并需创造出满足家庭需要的农产品及手工业产品。根据《澹园集》记载："安人居常晨起，治饘粥，上食两曾王姑；已，乃上王舅姑；已，乃上舅姑；已，乃遍食叔若姑；有余，乃自食，不者待夕。及夕，上诸尊人遍食如前，有余乃自食。不者，待朝。当是时无娣姒分其任，无媵婢代其劳，无余资给其用，诸凡汲舂、米盐、釜甑、盆盎之役，靡不躬操之。稍暇，则作浣濯、缝纫、刺绣诸女红。冬龟其手，夏浆其背，如是者二十年，拮据劳苦，晚年所徭善病矣。"① 由上述可知，明朝中后期妇女的家庭事务多样且繁重，以致不分昼夜地忙碌。

都铎时期妇女的家庭生产劳动较明朝中后期妇女无论是在生产物品的种类上，还是在体系化生产上，都要更加全面，从农业、饲养业到手工业生产，无不有着家庭妇女的身影，她们协助丈夫完成家庭各类事务，是男子工作的亲密伙伴。都铎时期的妇女需要从事饲养牲畜、管理菜园、剪羊毛、拔草、播种、收割、磨面等农牧业活动，例如，"在三月应该播种亚麻……可以将它们制成鞋、黑呢、毛巾、衬衣、罩衫和诸如此类的必需品……簸扬各种谷物，制作麦芽，洗涤和拧干，制干草，剪切玉米，并且在需要的时候帮助其丈夫装粪车，拉犁，装干草、谷物和类似的东西，都是妻子的活儿"② 同时妇女还要从事纺织衣物、制作蜡烛、制奶酪、酿啤酒、烘焙面包等手工业劳动，并要注意储藏食物，如葡萄酒、鱼、香料等。一般情况下，妇女在完成家庭劳务后，便开始一系列家庭生产活动，"她们还可能把家变成工作场所，从事纺织、酿酒和制乳酪之类的工副业活动，或者喂养牲畜、剪羊毛或管理菜园。每逢集市，她们将蔬菜、牛奶等少量农产品运到集市上出售，同时买回生活及生产所需的各类物品"③。又譬如"威廉·斯道特的父亲种有 24 英亩土地，他的母亲不是完全在家

---

① （明）焦竑撰《澹园集》卷 10《郑安人传》，李剑雄点校，中华书局，1999，第 954 页。

② Linda E. Mitchell. *Women in Medieval Western European Culture.* New York：Garland Publishing，1999，p. 52.

③ 王向梅：《中世纪英国农村妇女研究》，中国社会科学出版社，2013，第 73 页。

中劳作，还要和其父亲与仆人们一道在收获季节收草打谷，并整理谷物拿到市场上去卖"①。这反映出妇女从事的生产劳动不仅可以供应家庭所需，同时还可以换取一定家庭收入，维持生计。

都铎时期城市妇女在家庭生产方面与农村妇女有所区别，由于不从事土地耕种、牲畜饲养等劳动，故而城市妇女不用像农村妇女一样忙碌，但也需在家庭中制作烤面包、挑水、做饭、买食材等，"家里的妻子和孩子开始纺纱织布、编织衣物或帮人洗衣服，以获得微薄收入"②。这体现出城市妇女以手工业劳动为主。城镇中手工匠及商人之妻整日忙于店铺的活计，在那些依靠工资度日的穷人中，纺织工人的妻子要干纺纱之类的工作。在城乡社会里最为贫困的家庭中，妇女涉及的家庭生产则要比城市家庭妇女更多一些，"除了照顾丈夫和孩子，家庭女主人还负责为佣人提供膳宿，她们中的大多数人也会从事畜牧业、她丈夫的行业或手工业，根据她丈夫的职业，她的工作可以是广泛的"③。妇女作为男性的家庭助手，在处理家庭日常事务中具有一定权利。明朝中后期的家庭生活是男耕女织，在家庭事务中出现了男女同劳同得的情况；都铎时期的妇女群体在家庭中做出了更大的贡献，男性在家庭事务中的担当相对较小。

四 明朝中后期与都铎时期中英妇女家庭事务管理比较

家庭事务管理主要针对中上阶层的家庭妇女，她们身为贵妇不用直接参与家庭日常事务劳动，仅需要对家庭中雇用人员进行管理以及处理家庭中的决策。不同的历史环境和社会背景造就了中西方之间家庭生活的不同，都铎时期的贵妇所处理的家庭事务更加繁杂，诸如帮助丈夫管理封地、发放佣金、收取地租、督促农民劳作、照看庄园、维修房屋等，甚至

---

① Keith Wrightson. *English Society 1580–1680*（Sixth Impression）. London：Routledge，2005，p. 67.

② 〔英〕露丝·古德曼：《百年都铎王朝》，杨泓、缪明珠、王淞华译，广东人民出版社，2018，第 132 页。

③ Sara Mendelson，Patricia Crawford. *Women in Early Modern England 1550–1720.* Oxford：Clarendon Press，1998，p. 310.

有的贵妇代替男子从事政治、经济、防御活动。"已婚女子的志向是为家人创造一个美满的家园,既有宗教信仰,又有秩序和欢乐。她承担着许多事务,并且常常是繁重艰巨的事务,但她显然从未想到过她被压在底层,过着艰苦的或贫困的生活。她偶尔也在外面干一些活,诸如为农场主做工、开店、管理学校或制作花边饰带去出售,偶尔她还管理丈夫的地产,甚至当教会执事或教区救济工作管理员。"① 而明朝中后期的家庭贵妇以相夫教子为主业,家庭事务的管理也仅限于仆人的管理、家庭活动的组织等,管理的范围要小于都铎时期家庭贵妇的管理范围。

明朝中后期的中上层家庭,一般多雇用仆人,其管理工作也就需要家庭主妇来负责,要根据仆人的不同特点、技能分配不同类型的工作,如服侍工作、生产工作、安全工作等,因此这就要求妇女具备一定的管理才能,这样才能将各类家庭事务安排得井井有条。"诸水陆之饶,计口程其羡,时赢缩而息之,醢酱盐豉,不食新者,手植之木可梓而漆,寸石屑瓦,必任毋废,以故孺人坐起不离寝,而子母之利归焉。"② 以上体现了明朝中后期的妇女能够根据仆人特点进行分工,以保证家庭的稳定和良好的秩序。迎接来访的宾客也是明朝中后期贵族妇女群体需要处理的一项家庭事务,它体现了妇女群体的交际能力。在接待过程中,妇女既要表现得落落大方,也要细心观察客人的需求,以维护好丈夫的尊严,"拮据鞠棘务给之,毫不贻公忧。虽仓卒窘甚,而宾客无有失者"③,表明妇女需具备良好的内在修养,为接待宾客做好准备。又据《太函集》载:"坐客日集百余曹,四坐皆满,椎牛结客以为常。"④ 这需要家庭主妇准备好丰盛的美食和酒水,"自中厨出之,其应如响"⑤,这表明家庭妇女不仅要具备食物调配、采购能力,还要具有一流的厨艺,满足不同口味宾客的需要。以上均体现了明朝中后期上层妇女在家庭管理事务中的事无巨细。

---

① 〔美〕斯图尔特·A. 奎因、罗伯特·W. 哈本斯坦:《世界婚姻家庭史话》,卢丹怀等译,宝文堂书店,1991,第 331~332 页。

② (明)王世贞撰《弇州四部稿》,明万历刻本,第 927 页。

③ (清)端方编撰《陶斋藏石记》,清宣统元年石印本,第 539 页。

④ (明)汪道昆撰《太函集》,明万历刻本,第 574 页。

⑤ (明)汪道昆撰《太函集》,明万历刻本,第 574 页。

与明朝中后期的贵妇一样，都铎时期的贵族妇女也主要从事家庭管理工作，由于家产及仆役数量众多，家庭主妇就要承担起管理家庭事务的重责，以维持整个家庭的正常运转。但是她们处理的家庭事务相比明朝中后期的贵妇更宽泛，"由于那时的贵族经常要出门，或进宫廷，或因公私事务离家甚至远去国外，每逢此时，贵族妇女就充当了丈夫的全权代理人，管理起一切事务"①。有时，都铎王朝的贵族妇女还要参与地产管理，"虽然乡绅主要关心的是有效地经营和扩大其地产，不过地方行政、政治和通过诉讼保护他的利益也常常要求他们离开家，这时，他们的妻子就要积极地参与地产的管理，包括征税、销售产品和进行必不可少的修理，并要积极反对袭击、保持地产。有许多妻子和丈夫具有平等的决定权甚至有时还做主。如伊丽莎白时期的凯瑟琳·贝克莱夫人在家里家外都管理丈夫的事务"②。此外，社会阶层越高的家庭妇女，从事家庭事务管理活动时就越繁忙和辛苦，"家务劳动和照看孩子一直是女性的工作，但社会发展水平越高，任务就越复杂和具体，仆人的规模就越大……对家属的照看责任由妻子承担。社会阶层等级越高，女主人越有可能参与监督和解决家庭成员之间的个人冲突。许多虔诚的女主人认真对待他们对仆人的责任，试图教育他们的女仆基本的文化和虔诚"③。由此可知，贵妇在家庭管理方面要付出的精力更多。

都铎时期的贵族家庭经常会有显贵宾客来访做客，这就需要妇女准备好宴席，为使宾客满意，妇女需根据不同客人的喜好准备饭菜，这也是对妇女家庭事务管理能力的一种考验。玛格丽特在日记中写道："她的时间用来管理监督仆人、发薪水、付账单、看病、处理家庭事物，像洗衣、织毛衣、染衣服、做蜡灯、照看蜂箱、储藏食品、监督工人种田、买羊、种树等，忙碌于家族资产管理、维护家族利益。"④ 有些贵族妇女也亲自参与

① 傅新球：《英国社会转型时期的家庭研究》，安徽人民出版社，2008，第164页。
② Ralph A. Houlbrooke. *The English Family 1450-1700*. London and New York：Longman，1999，p. 106.
③ Sara Mendelson，Patricia Crawford. *Women in Early Modern England 1550 - 1720*. Oxford：Clarendon Press，1998，p. 303.
④ 〔美〕玛丽莲·亚隆：《老婆的历史》，许德金等译，华龄出版社，2002，第148~149页。

到家务劳动中，较好充当了丈夫的助手。庄园里有大量仆役，贵妇要根据仆人所掌握的技能和特点，分配不同的劳动，对人员进行管理，以保障家庭生产劳动平稳有序地进行。同时，家庭主妇也要肩负起监督的责任，对家庭仆役的劳动量和质量进行监督，使他们各司其职，"当男人不在，忙于法律事务、出席法庭或议会时，妻子则负责财产管理，她们通常安排收取租金、监督账目、监督被监护人的活动，所有这些都带着一定的自信"①。这表明贵族家庭的妇女还要为骑士和各级官吏发放薪俸。需要指出的是，都铎时期城市妇女以及商人阶层的家庭妇女也会参与到家庭管理中，城市妇女"需要挑选和收藏装饰品、餐具、亚麻制品和食品，这些都是妇女们的责任"②。总而言之，都铎时期的妇女虽然在家庭中是依附于男子的角色，但所承担的家庭职责已使其成为一个"女主人"。

结　语

明朝中后期与都铎时期的妇女以家庭生活为主，其中又以日常事务管理为主要生活内容，她们不仅要从事家务劳动、打扫卫生等常规性劳动，而且要进行生产性活动以及人员的管理、财产的调配等，必要时还要协助丈夫处理生意上的一些事务，因此她们是家庭事务管理的主要负责人，也是男子的得力助手。但由于所处历史环境和社会文化的不同，都铎时期与明朝中后期的妇女在处理家庭日常事务内容以及方式上存在一定差异，当然也不排除中英之间的相似性。结论有三。

首先，都铎时期与明朝中后期的家庭妇女均以家务劳动、家庭生产为主，其劳动量很大，日常事务的内容也较为相似，包括打扫房屋、喂养牲畜、农业生产等，区别在于都铎时期的妇女群体在家庭劳动中具有连贯统一性，从农业、饲养业到手工业，甚至涉足商业、服务业，并且形成产业

---

① Sara Mendelson, Patricia Crawford. *Women in Early Modern England 1550 – 1720*. Oxford: Clarendon Press, 1998, p. 310.
② 〔意〕欧金尼奥·加林主编《文艺复兴时期的人》，李玉成译，生活·读书·新知三联书店，2003，第 283 页。

化，如从养羊发展到毛纺织业，更具有资本主义的时代特性，而明朝中后期的妇女相比之下更加以服务家庭物质生活为主。

其次，妇女作为男性的家庭助手，在处理家庭日常事务中具有一定权利，但在明朝中后期的家庭中流行男耕女织的生活，出现了男女在家庭事务中同劳同得的情况，而都铎时期的妇女在家庭中也做出了重大贡献，相较而言男性在家庭事务中发挥的作用要比妇女小很多。

最后，在家庭事务管理方面，都铎时期与明朝中后期中等阶层以上的家庭，都会雇用一定的劳动力，以协助处理家庭中的各项事务和劳动，那么女主人就要对这些佣人进行有效的管理，同时也要为其发放佣金。此外，举办宴会接待客人也是家庭妇女一项重要事务，妇女要根据客人的喜好安排饭菜的口味等，这在中英家庭中均被作为分析家庭妇女日常事务的重要内容。

（编辑：王婧娴）

A Comparative Study of Women's Family Work During the Mid to Late Ming Dynasty and the Tudor Period

SUN Liandi

（Hebei Geo University, Shijiazhuang, Hebei 050031, China）

Abstract：A current research focus is comparing women's family work during the mid to late Ming Dynasty and that of the Tudor period from a comparative historical perspective. During these two periods, women mainly lived at home, not only engaging in routine tasks such as household chores and cleaning, but also engaging in productive activities, personnel management, and property allocation. Comparatively speaking, during the Tudor period, men were less involved in family work, and women played a consistent and unified role in family work, ranging from agriculture and animal husbandry to handicrafts, and even stepping into commerce and service industries, which developed into industrial production with capitalist characteristics. However, during the mid to late Ming Dynasty, the prevalent household trend was that men and women worked together, with the former doing farm work and the latter engaging in spinning and weaving. Women mainly served the family's material life, which was more of the daily routine.

Keywords: The Mid to Late Ming Dynasty; The Tudor Period; Women's Community; Family Work

宋庆龄的儿童教育思想与实践研究[*]

李　宁　赵佳丽

（吕梁学院历史文化系，山西吕梁 033000）

摘　要： 宋庆龄是中国近代著名的政治家和教育家，她的儿童教育思想和实践对中国儿童教育的发展有着重要影响。宋庆龄的儿童教育思想，主要体现在儿童救济教育、儿童普惠教育、儿童思想教育、儿童素质教育四个方面。在其儿童教育思想的引导下，宋庆龄在战时积极开展对儿童的救助工作，并在新中国成立后，大力发展儿童福利事业，积极为儿童提供实现自我价值的平台，培养儿童的独立思考能力和创造力。宋庆龄的理念在当代中国儿童教育中得到广泛应用，产生了深远影响，深刻理解并践行宋庆龄的儿童教育观，能够为当今中国儿童教育事业的开展提供有益借鉴。

关键词： 宋庆龄；儿童教育；教育理念

作者简介： 李宁，博士，吕梁学院历史文化系副教授，主要研究方向为宋庆龄研究；赵佳丽，硕士，吕梁学院历史文化系助教，主要研究方向为儿童教育研究。

宋庆龄是中华民族杰出的教育家，她极为关注儿童教育事业的发展，为中国的儿童教育做出了卓越贡献。在战争年代，为了保护中国儿童，宋庆龄慷慨地提供了大量援助，以帮助战灾儿童渡过难关。在艰苦的边区和敌后抗日根据地，宋庆龄更是为保障儿童权益倾注了大量心血。她秉持着让每一个儿童都能受到良好教育的理念，对战区儿童进行了诸多救济，不仅提供了资金上的支持，还亲自组织参与了儿童的保育工作。此外，作为一名具有洞见力的教育家，宋庆龄深知普及儿童教育、发展儿童福利的重要性。新中国成立后，宋庆龄致力于中国福利基金会、中国红十字会的建

---

[*] 本文系吕梁市科学技术局重点研发项目"吕梁市红色文化产业调查研究"（2023SHFZ28）的成果。

设，聚焦于儿童福利工作，为无数儿童提供了良好的教育环境。宋庆龄的关爱与奉献不仅局限于国内，她的视野也延伸至国际儿童福祉领域。她积极促进国际交流与合作，不遗余力地改善全球儿童的生活与教育环境，多次参与国际儿童福利组织的研讨会，贡献了许多宝贵意见，为国际儿童福祉事业做出了卓越贡献。除了重视给予儿童物质条件外，宋庆龄也格外关注儿童的思想培养与素质教育。为了提高儿童的综合能力，宋庆龄提倡儿童应在德、智、体、美、劳五个方面实现全方位发展。她尤其重视儿童的戏剧教育，通过鼓励、支持儿童的戏剧实践，宋庆龄开阔了儿童教育的视野，也推动了中国文化事业的建设。宋庆龄的儿童教育思想与实践，在当今仍然有重要意义，她的诸多理念，都能为目前的儿童教育工作提供有益借鉴。只有深刻理解宋庆龄儿童教育的思想内涵与实践行动，才能提高对于儿童教育工作的认识，从而为更多的儿童提供优质教育资源与机会。

一　宋庆龄的儿童救济教育思想与实践

20 世纪 30 年代，中国内部军阀混战，外部则面临日本帝国主义的侵略。在如此内外交困的背景下，宋庆龄以实际行动践行着自己的教育理念，努力为战时儿童提供接受教育的平台与机会。1938 年，宋庆龄女士于香港创立了"保卫中国同盟"，并亲任该组织的领导。她以坚定的信念和卓越的领导才能，引领同盟致力于扩大医疗救助规模，尤其关注妇女和儿童的卫生保健工作。为了使国际社会更深入地了解中国抗战的真实状况，宋庆龄女士积极向外界传递中国的抗战情况和人民的不屈精神，不遗余力地呼吁海内外的华侨和国际友人共同支援中国的革命事业。她的努力不仅激发了广大华侨的爱国热情，还赢得了国际友人的广泛赞誉和鼎力支持。宋庆龄女士动员了一批杰出的国际友人，如埃德加·斯诺、阿诺德·史沫特莱、白求恩、柯棣华和马海德等，他们不畏艰险，毅然进入中国，深入战争地区。这些国际友人的到来，不仅为中国抗战注入了新的力量，还为巩固世界和平阵营做出了不可磨灭的贡献。保卫中国同盟之后一度更名，但其均在不同时期致力于改善妇女儿童的卫生状况，推动文化和教育事业的发展。

为了帮助战灾儿童，宋庆龄建立了香港"中国战争孤儿救济协会"，担任该协会的名誉顾问，为救济战灾儿童做出了巨大贡献。1939年3月，宋庆龄发起了一项为战灾儿童服务的运动，她的呼吁得到了国际社会的热烈响应，该运动收到的捐款全部用于帮助战灾儿童。受到宋庆龄的号召、关怀和帮助，援助战灾儿童的运动在中国国内蓬勃发展。这项运动不仅在国统区的四川、广西等地得以开展，还在敌后抗日根据地建立起数所孤儿院、保育院和托儿所。1939年初，保卫中国同盟提供资金，在陕西三原建立了一所可容纳500名儿童的孤儿院。建院时，就接纳了200名孤儿。后来，这所孤儿院与陕西边区孤儿院合并，入院儿童增至400名。在延安市郊，还建立了一所保育院，它建立在山坡上的窑洞里。那里有200多名孤儿，其中大部分是游击队战士的孩子，还有一些难民的孩子。此外，陕西北部的边区孤儿保育院也收养了来自华北、东北的400多名孤儿。①

儿童是国家的未来、民族的希望。在抗日战争时期，为祖国英勇牺牲的战士所留下的孤儿、因敌机空袭而失去父母的孩子、流离失所且饱受饥饿和疾病折磨的难民后代，这些例子比比皆是。另外，还有数百万名儿童，他们的父母或是在战场上奋战，或是被日本侵略者赶出家园而无力照料他们。宋庆龄以其广泛的爱心，为救助这些受战争灾难影响的儿童不遗余力。在宋庆龄的眼中，这些战灾儿童不仅代表着个人的命运，还代表着国家的未来。她在发表《救济战灾儿童》演说时，深情地指出这些无家可归、无人依靠的儿童"代表着我们未来的一代。他们将来要在他们的父母正在战斗、受苦受难、流血牺牲的土地上建立一个新中国"②。宋庆龄表示："我们绝不能让战士们的子女成为'迷失的一代'，必须把他们从由于饥饿而濒于死亡和由于无人照管而使肉体和精神上遭受摧残的恶果中

---

① 《中国福利会志》编纂委员会编《中国福利会志》，上海社会科学院出版社，2002，第162页。

② 《中国福利会志》编纂委员会编《中国福利会志》，上海社会科学院出版社，2002，第162页。

拯救出来。"① 宋庆龄呼吁全世界的人给予战灾儿童帮助和关爱。她希望大家能够将对中国的同情心表现在行动中，为保护中国未来的生力军做出贡献。她向全世界发出呼吁："把对中国的同情心表现在帮助保存中国未来的有生力量的行动中。"②

在烽火岁月中，宋庆龄女士倾注了大量心血，投入了巨额资金，用以保障这些地区的儿童能够得到良好的教育和庇护。据统计，宋庆龄女士先后资助 55 万多美元和 4200 多万元法币，这些款项如及时雨般洒向了 21 所托儿所、孤儿院、保育院，以及八路军抗属子弟学校和西北青年技术学校等单位。这些机构在她的支持下，得以顺利运转，为战灾儿童提供了宝贵的教育资源。宋庆龄女士的援助对于战灾儿童而言，无异于雪中送炭。许多孩子在她的关爱下茁壮成长，逐渐摆脱了困境，迎来了崭新的生活。孩子们对宋庆龄女士的感激之情溢于言表，将她视为救苦救难的"玉观音"。这个称号不仅是对她慈悲怜悯之心的肯定，还是对她无私奉献精神的最高赞誉。宋庆龄在抗战中的援助工作不仅展示了她对儿童的关注和爱心，还体现了她对国家和民族的责任感。她全力为那些无辜的生命提供帮助，希望能够为他们创造更好的未来。

二　宋庆龄的儿童普惠教育思想与实践

宋庆龄十分重视儿童的普惠教育，她认为"儿童是未来生命的血液"，是国家和民族的希望，每一个儿童都应接受到良好的教育。对于儿童的教育工作，宋庆龄拥有高度的前瞻性，早在 20 世纪 30 年代，她就提出了要尊重儿童、将儿童当作教育事业主人的理念。作为一位具有远见卓识的政治家，宋庆龄曾说过："我的一生，是同少年、儿童工作联系在一起的。"③

---

① 《中国福利会志》编纂委员会编《中国福利会志》，上海社会科学院出版社，2002，第162 页。
② 《中国福利会志》编纂委员会编《中国福利会志》，上海社会科学院出版社，2002，第162 页。
③ 李涵：《宋庆龄与儿童戏剧》，《上海艺术评论》2022 年第 5 期。

她将孩子们视为珍贵的宝石，尽心尽力地关爱他们的成长。新中国成立后，宋庆龄女士担任了全国妇联名誉主席，为中国的妇女儿童福利事业付出了巨大的努力。作为中国妇女界的杰出领袖之一，她不仅在组织层面上发挥了重要作用，还在推动中国妇女事业发展方面做出了不可磨灭的贡献。宋庆龄女士长期致力于中国人民救济总会、中国红十字会等组织的工作，通过她的组织力量和人脉资源，这些机构得以不断发展壮大，为需要帮助的人提供更多的支持和援助。她不仅关注成年人的福利事业，还将大量的心血倾注在少年儿童的文化教育事业和福利慈善事业上。她深知教育对于一个国家的重要性，因此不遗余力地推动各项儿童教育项目和活动。她关爱每一个孩子，是他们心目中慈祥的"母亲"和"奶奶"。在她的努力下，无数的少年儿童得以受到良好的教育。

为了直接服务于中国的儿童和弱势群体，1946年，宋庆龄女士将保卫中国同盟重新命名为中国福利基金会。通过中国福利基金会，宋庆龄不仅扩大了服务的范围，还更加聚焦于儿童福利事业，将更多的资源和精力投入为儿童服务的工作中。在上海的贫民区，中国福利基金会先后设立了5个妇幼保健室和1个儿童福利站，为生活无着落的孩子提供必要的帮助。除了物质上的帮助，宋庆龄还特别注重与孩子们的互动和交流，她经常抽出时间前往福利院，与孩子们一起做游戏、看书，给他们讲故事。为了让孩子们更好地成长和发展，宋庆龄还专门设立了图书班和识字组，教会孩子们唱革命歌曲。通过这些教育活动，她希望能够提升孩子们的素质和能力，让他们有更好的未来。宋庆龄还组织社会各界力量为贫困孩子进行义卖和义演。这些活动的目的是筹集资金，并且让大家关注贫困孩子的生活状况。其中，著名的"三毛原作义卖展览会"和"三毛乐园会"吸引了民众的广泛关注。

宋庆龄女士曾多次在不同场合强调儿童在社会主义事业中的重要地位，她以幽默的方式指出，人们常说"老子英雄儿好汉"，但如果我们不重视儿童的教育问题，不为其提供一个良好的成长环境，以及制定科学且切实可行的教育政策，那么即使是为新中国成立立下赫赫战功的革命家，他们的子孙后代也有可能成为缺乏知识和能力、无法守住江山的人。她强调，为了培养出优秀的下一代，我们必须给予儿童充分的关爱和教育。这不仅包括知识的传授，还包括品德的培养、人格的塑造以及独立思考能力的培养。只有这样，我们才能真正为儿童创造一个良好的成长环境，让他们在阳光下茁壮成长，成为有理想、有道德、有文化、有纪律的社会主义建设者和接班人。宋庆龄积极倡导爱心教育，鼓励人们关注儿童的身心健康发展。她坚信，通过良好的教育和关怀，每个孩子都能够发展出自己的潜力，成为对社会有贡献的人。在宋庆龄的领导下，儿童教育事业取得了巨大的进步。她倡导了普及儿童教育的理念，促进了普惠教育的发展。她提出"儿童有权享受幸福童年"的口号，呼吁社会各界共同关注儿童权益的保障。在新中国成立初期，宋庆龄就先后将"加强国际和平"斯大林国际奖奖金 10 万卢布以及所著《为新中国奋斗》一书的全部稿费等个人款项，捐赠给中国福利会做妇儿福利事业之用。

宋庆龄始终认为，民族的未来与少年儿童息息相关，因此强调将教育工作作为推动社会进步和培养新一代的重要任务。她明确指出，为了确保革命成果不在下一代手中流失，必须加强对儿童的教育，培养他们成为坚强的革命接班人。宋庆龄深信优秀品质是教育的结果，因此强调教育的重要性。宋庆龄曾说："我对你们寄予殷切的希望，希望你们在各个方面都达到好的要求，所谓好是要勤奋学习，要练好身体，要成长为有教养的人，更重要的是要有远大的理想，要有革命志气，继承革命传统，成为一个有益于人民的人。"① 这句话表达了她对于教育在塑造人才和培养优秀品质方面的重要作用的强烈信念。她呼吁全社会共同努力，将"最宝贵的东西"给予儿童，为他们提供良好的教育环境。宋庆龄还积极开展了儿童文化交流活动，推广中华传统文化，丰富儿童的精神世界。宋庆龄的爱心和奉献精神不仅限于国内，她还广泛参与国际儿童福利事业。她积极推动国际交流与合作，努力改善全球儿童的生活和教育状况，多次出席国际儿童福利组织的会议，提出了许多有益建议，为国际儿童福利事业做出了重要贡献。

---

① 李涵：《宋庆龄与儿童戏剧》，《上海艺术评论》2022 年第 5 期。

三　宋庆龄的儿童思想教育与实践

宋庆龄不仅重视为儿童提供必要的物质条件，还重视对儿童思想性的培养，她曾说："少年儿童是我们祖国和民族的未来，希望寄托在他们身上。只要我们不断地关心这年轻的一代，不断地用中华民族的优秀传统，用中国革命的优秀传统去培养和教育他们，他们就一定能够把我们祖国和民族的希望的火炬接过来，传下去。"[①] 宋庆龄女士深信每一个儿童都拥有无限的潜力和独特的价值，应当成为教育的中心。她主张尊重儿童的人格和自尊心，视他们为独立思考的个体，而非被动接受知识的容器。在这样的教育理念指导下，宋庆龄强调要充分发挥儿童的主观能动性，让他们在探索和实践中发现自我，实现自我价值。这包括培养他们的独立意识、批判思维和创新精神，鼓励他们勇于尝试、不畏困难。宋庆龄认为只有这样，孩子们才能在未来的生活和工作中展现出真正的才华和价值。她强调，对待儿童需要像对待幼苗一样细心呵护，要提供良好的物质条件和教育支持。精神层面的教育，并不仅仅是简单的说教和灌输。它需要深入了解儿童的特点和需求，把握他们的心理发展规律，从而制定出与之相适应的教育方法。对于儿童来说，精神层面的教育应该是一种多元的、互动的学习过程。通过各种有趣的活动、游戏和故事，引导他们探索世界、认识自我，以培养他们的价值观、道德观和人生观。这样的教育方式，能够让儿童在轻松愉快的氛围中，获得心灵的滋养，提升自我认知和情感智慧。

宋庆龄认为，儿童刊物在启发儿童思想、指引正确道路方面具有不可替代的重要作用。儿童时期是孩子们成长的关键阶段，他们的思想如同一张白纸，等待着被填充和启发。一本好的儿童刊物不仅可以提供有趣的故事和知识，还能够引导孩子们树立正确的价值观、培养良好的习惯和思维方式。她认为，创办优秀的儿童刊物首先需要关注儿童的阅读兴趣和需求。这包括了解不同年龄段儿童的认知能力和兴趣点，以及他们喜欢的学

---

① 中国宋庆龄基金会编《宋庆龄论教育》，人民教育出版社，2016，第2页。

习方式和阅读习惯。通过深入了解儿童的需求，可以有针对性地策划和编辑适合他们的刊物内容，让孩子们在阅读中感受到乐趣并获得成长。儿童刊物的教育性和启发性不仅包括提供各种知识性内容，如自然科学、人文历史等，还包括通过故事、漫画等形式传递道德观念、培养社会责任感。通过将教育性和娱乐性相结合的形式，使孩子们在愉快的阅读中受到有益的影响。精美的版面设计、可爱的插图和字体、易于阅读的排版等都能够吸引儿童的注意力并提高他们的阅读兴趣。儿童刊物的纸张和印刷质量也必须符合环保和安全标准，为孩子们提供优质的阅读体验。

宋庆龄指出好奇心和好问精神是儿童独有的天性。好奇心和好问精神作为儿童探索未知世界、拓展智慧的内在动力，是打开探索和创造之门的金钥匙。为了有效发挥儿童的创造力，需要给予他们言论自由，尤其是问的自由。儿童的好奇心是一种强烈的求知欲望，他们对于周围的环境、事物以及现象都充满了无尽的疑问。这些问题既是他们展开思考、探究和学习的起点，也是他们成长过程中不可或缺的重要部分。好奇心驱使着他们寻找答案，激发他们的想象力和创造力。好问精神是儿童愿意向成人和同伴提出问题的勇气和能力。通过提问，儿童能够更好地理解世界，了解事物的本质和原理。问问题不仅可以帮助他们获取知识，还能培养他们的批判思维以及解决问题的能力。在回答问题的过程中，儿童学会思考，并通过思考发现更多新的问题，从而不断深化和扩展自己的知识领域。对于儿童来说，与师长的交流不仅是一种权利，还是一种保障他们身心健康发展的机制。当儿童拥有表达自由时，他们会体验到一种被尊重和被关注的感受，这将有助于营造积极的学习环境和沟通氛围。这样的环境能够鼓励儿童保持好奇心，提升儿童的学习动力和参与度。同时，拥有表达自由也有助于培养儿童的社交能力。通过与他人互动和交流，儿童还能够接触到不同的见解和观点，从而培养自己的思辨能力和包容心。

四 宋庆龄的儿童素质教育思想与实践

宋庆龄极为重视儿童的素质教育，为了实现儿童的全面发展，宋庆龄强调学习、体育、艺术和劳动的重要性。宋庆龄认为学习不是为了应付考试，而是为了培养儿童的终身学习能力和辩证思维。体育活动可以提高儿童的身体健康水平和社交能力，培养他们的团队合作精神和竞争意识。艺术教育可以激发儿童的创造力和想象力，培养他们的审美能力和情感表达能力。劳动教育则可以让儿童学会独立生活和劳动，培养他们的实践能力和责任心。宋庆龄认为，只有实现儿童德、智、体、美、劳的全面发展，才能使其树立正确的人生观与价值观。基于这种教育理念，宋庆龄大力推动中国儿童素质教育的发展。她鼓励孩子们勤奋学习，掌握扎实的基础知识；培养健康体格，养成锻炼身体的良好习惯；陶冶情操，提升审美能力和艺术修养；同时，还要掌握劳动知识，培养热爱劳动的精神和实践能力。她提出"关心儿童，人人有责"的观点，呼吁全社会共同关注儿童教育。她强调儿童教育不仅是学校的责任，还是家庭、社会乃至每一个公民的共同使命。只有学校、家庭和社会形成有机统一的教育体系，才能为儿童创造出和谐、健康的成长环境。在宋庆龄看来，儿童是人类的至宝，是国家的未来和希望。她指出儿童教育工作是创造未来的工作，具有深远的意义。因此，一切努力和工作的目标都应该是增进儿童的健康和福祉，让他们在阳光下茁壮成长，拥有一个美好、幸福的童年。宋庆龄认为儿童是有思想、有感情、有需求的个体，应该被视为与成人平等的人群。她主张儿童有权利坚持自己的意见、表达自己的想法，并且成人应该尊重儿童的意愿和决定。她反对对儿童过度干预和约束，鼓励给予他们自主学习和发展的机会，培养他们独立思考和解决问题的能力。

发展儿童戏剧教育是宋庆龄重视素质教育中的关键一环。宋庆龄亲自创办了新中国第一座儿童艺术剧院、第一所儿童艺术剧场以及第一家少年宫。她强调，儿童戏剧应根据儿童的年龄特点和心理特点寓教育于娱乐之中，通过少年儿童所热爱的艺术形象教育儿童，是培养共产主义事业接班人的一种重要途径和手段。[①] 宋庆龄女士在儿童戏剧领域的贡献和影响是不可忽视的，在她看来，儿童戏剧具有独特的教育价值和艺术魅力，是培

---

① 李涵：《宋庆龄与儿童戏剧》，《上海艺术评论》2022 年第 5 期。

养孩子们审美、思考和表达能力的重要手段。她不仅在理论上倡导儿童戏剧教育的重要性，还付诸行动，为孩子们创造更好的戏剧教育条件。她认为通过戏剧这种综合艺术形式，可以更好地引导孩子们发现美、认识社会、理解人性。因此，她亲自参与并指导了中国福利会儿童艺术剧院的创建工作。在这个过程中，她不仅关注剧院的人才培养和剧目建设，还针对剧团的体制和剧场的筹建给予了细致的指导。除了对中国福利会儿童艺术剧院的关心和指导，宋庆龄女士还对其他儿童剧团表达了同样的关心和爱心。她鼓励和支持各种形式的儿童戏剧活动，希望通过戏剧的形式，让更多的儿童受益。

1952 年 9 月，为庆祝中华人民共和国成立三周年，宋庆龄应邀率领儿童剧团赴北京演出，并邀请毛泽东、朱德、周恩来等党和国家领导人观看。演出的节目包括《大头娃娃舞》《少年队组舞》《我们都有一个志愿》《兔子和猫》等，领导人们看得兴致勃勃，给予了肯定。毛泽东主席还特意要求儿童剧团在北京加演 4 场，让首都的儿童也能欣赏到这次精彩的演出。国庆三周年的儿童剧团演出和宋庆龄对此事的关注，宣告着新中国对于儿童事业的高度重视。儿童剧团的孩子通过精彩的演出，展示了他们的才艺，受到了领导人和社会的肯定、鼓励。这次演出，彰显了新中国文化事业的蓬勃发展，演出的成功也为后续的儿童文艺事业奠定了良好的基础。①

在宋庆龄的积极关怀和支持下，儿童艺术剧院致力于展现伟大的共产主义战士雷锋和少年英雄刘文学的崇高事迹，结合国际和国内形势，编排了一系列引人入胜的剧目，如《把美帝赶回它们的老家去》《歌唱技术革新》《草原小英雄》等。除此之外，儿童艺术剧院还推出了多种儿童歌舞剧、管弦乐、组歌、故事合唱和舞蹈等节目，为观众带来了丰富多彩的艺术体验。宋庆龄指导的儿童剧时常被应用到外交领域，以促进中外友谊的发展。她经常邀请外宾观看儿童艺术剧院的演出，其中一次，来自委内瑞拉的外宾受邀观看了《夜袭》这一舞蹈表演。当他们看到游击队员拔下美国国旗，用代表解放的红旗取而代之时，激动之情溢于言表，纷纷鼓起

---

① 孙毅：《深深的爱——怀念宋庆龄》，《上海采风》2017 年第 5 期。

掌。宋庆龄认为，文学家和艺术家应该承担起提供精神食粮的责任。他们可以通过创作优秀的儿童作品，让亿万儿童从中得到营养。①这些作品不仅可以为儿童提供娱乐和消遣，还要让他们从中得到思想的启迪和精神的滋养。宋庆龄以儿童剧目创作为例，说明了她对儿童教育的理解和实践。宋庆龄认为好的文艺作品对于儿童的教育和成长具有重要的作用。因此，她一直致力于推动儿童文学、电影、戏剧等文化事业的发展，并积极参与到这些作品的创作和推广中去。宋庆龄认为，好的文艺作品应该能够满足儿童强烈的求知欲和想象力，并且能够寓教于乐，发展孩子的体力和智力。宋庆龄表示，儿童不仅需要娱乐活动，还需要学习知识。她认为，通过树立典型的儿童形象，可以感染儿童的心灵，并寓教于文艺活动之中。这种方式可以让儿童在欣赏作品的同时，接受思想的教育和情感的熏陶。

五　宋庆龄儿童教育思想的影响

宋庆龄认为，儿童工作就是缔造未来的工作，因为未来是属于新一代的。因此，老一辈人的使命不仅是在他们那个时代为争取社会进步而进行胜利的斗争，还要使下一代人能在新的条件下把这场斗争继续进行下去。在教育下一代的工作中，物质条件是重要的。应该毫无例外地把最好的东西留给孩子们。然而重要得多的是对他们进行思想上的教育。要使他们的生活有目的，这个目的应是把个人的前途和全人类的进步事业联合起来。要使他们具有正确的世界观，确立明辨是和非、正义和非正义、真理和谬误的标准。最重要的是，他们必须从人类克服一切艰难障碍而长期进行的斗争中吸取教训，这场斗争是为了在人与人的关系中消灭剥削、压迫和战争。②宋庆龄强调："儿童是国家未来的主人，通过戏剧培育下一代，提高他们的素质，给予他们娱乐，点燃他们的想象力，是最有意义的事情。"③

---

① 汤雄：《倾尽春晖育明珠——宋庆龄开拓中国儿童福利事业始末》，《世纪风采》2019 年第 5 期。
② 宋庆龄：《缔造未来》，《今日中国》（中文版）1982 年第 6 期。
③ 中国宋庆龄基金会编《宋庆龄论教育》，人民教育出版社，2016，第 12 页。

宋庆龄认为，儿童教育应当在社会，尤其是在家庭得到高度的重视。家庭是儿童最早接触的教育环境，应该给儿童提供温暖和关爱，并给予他们正确的引导。父母是孩子的第一任老师，一言一行都会给孩子带来影响，因此宋庆龄也十分重视家庭教育，她指出，在儿童的成长过程中，父母的角色是至关重要的，特别是在培养儿童的创造力方面，他们有着不可替代的作用。通过与父母的语言交流，儿童可以发展语言和思维能力。这些有关儿童教育发展的先进的理念在当代仍然适用。

宋庆龄女士被誉为"中国少年儿童慈爱的祖母"，她的一生都致力于保卫儿童以及关心儿童的成长和教育。她深知儿童是国家的未来和希望，因此将关心儿童作为自己一生思想与活动的重要组成部分。为了继承和发扬宋庆龄女士的遗志，1982 年，国家成立宋庆龄基金会（2005 年 9 月更名为中国宋庆龄基金会）。该基金会在文化、教育、科技等方面取得了巨大的成绩，为推动中国少年儿童事业的发展做出了杰出的贡献。在教育方面，宋庆龄基金会重点开展了"未来工程——大学生奖助学项目"。该项目于 2003 年启动，覆盖了全国 31 个省（区、市）的 90 多所高校。通过这一项目，基金会为品学兼优的大学生提供了奖学金和助学金，帮助他们顺利完成学业，为国家和社会培养了大量优秀人才。[①] 基金会还开展了"西部园丁培训计划"，旨在提高西部地区教师的教育教学水平。通过这一计划，基金会组织了大量的培训活动，为西部地区的教师提供了学习和交流的机会，进一步促进了西部地区的教育发展。[②] 基金会还在广大中小学建立了"流动图书馆"，丰富了孩子们的课外阅读资源。这些流动图书馆不仅提供了图书借阅服务，还组织了各种阅读活动和文化讲座，激发了孩子们的阅读兴趣和创造力。在教育领域，宋庆龄基金会积极开展公益事业，通过在全国援建的 60 多所中小学，资助了 1 万余名贫困学生。这些行动不仅改善了贫困地区的教育环境，还为儿童提供了平等的教育机会，让他们

---

① 付雁南：《宋庆龄基金会三年资助 4000 余名经济贫困大学生》，中国政府网，2006 年 10 月 25 日，https：//www.gov.cn/jrzg/2006-10/25/content_423865.htm。

② 王冬雪：《"西部园丁培训计划"项目存在的问题与对策探讨》，《白城师范学院学报》2016 年第 1 期。

能够茁壮成长。基金会还通过广泛的国际合作，扶贫兴教，极大地改善了中国农村地区、西部地区、少数民族地区的教育面貌。宋庆龄一生关爱儿童，她的博爱精神代代相传。为了继承和发扬宋庆龄女士关心儿童、爱护儿童的崇高精神，宋庆龄基金会积极开展各项公益活动，并设立了儿童发展国际论坛。该论坛旨在通过学术研讨、交流合作等方式，促进儿童事业的发展与进步，增进各国人民之间的友谊与合作。宋庆龄基金会设立了女童奖学金，培养少数民族女教师，并支持回族女子中学的建设和就业指导，还成立了"宋庆龄儿童文学奖"，兴建了宋庆龄儿童科技馆等，丰富了学龄儿童的课外生活，让儿童的心灵在自由的天地中展翅飞翔。

在当今时代，社会需求不断变化，我们应当以时代发展和社会需求为导向，为宋庆龄所从事和领导的妇女儿童福利事业注入新的理念和鲜活的内容。首先，我们要牢记宋庆龄重视儿童教育、提倡创新的嘱托。宋庆龄深刻认识到，教育是培养下一代的重要基础，是实现社会进步和发展的重要途径。因此，她始终强调重视儿童教育，尊重儿童的个性和兴趣，为儿童的成长和发展提供更好的条件和机会。其次，在以什么样的发展方式、走怎样的发展道路弘扬宋庆龄精神、发展宋庆龄儿童教育事业方面，我们应当不断探索和实践。我们需要结合当今社会的实际情况和发展趋势，深入研究和探讨宋庆龄儿童教育思想的精髓，寻找符合时代要求的发展方式、发展道路。例如，我们可以通过加强儿童心理健康教育和情感关怀，提高儿童教育质量和水平；通过开展多样化的教育活动和课程设置，培养儿童的综合素质能力；通过加强学校教育和家庭教育之间的联系，促进两者协同发展。以时代发展和社会需求为导向，弘扬宋庆龄精神、发展宋庆龄儿童教育事业是我们每个人的责任和使命。我们要不断思考，为实现妇女儿童福利事业的可持续发展贡献自己的力量，[①] 我们应当将宋庆龄精神贯穿到日常工作和生活中。她所倡导的儿童教育事业不仅是一项任务，还是一种责任和使命。我们要时刻关注儿童的权益和福祉，积极投身到儿童教育事业中来，用实际行动践行宋庆龄精神。

---

① 徐风琴：《基石与平权——论宋庆龄儿童教育思想》，《上海教育》2020 年第 7 期。

宋庆龄是一位杰出的中国女性，她因其卓越的事业成就和崇高的人格魅力而深受人们的敬仰。宋庆龄表示："可爱的孩子们，每当我想到你们，我的眼前就浮现出那些充满生机的小树苗。你们像小树苗一样，柔软的枝条，嫩绿的叶子，在肥沃的土地上扎根，在和煦的阳光下成长……"① 作为中国儿童教育的先驱，宋庆龄为我们树立了榜样，也为现代儿童教育的发展提供了重要启示。她积极投身于儿童教育事业，不仅有着深厚的学识和理论基础，还通过自己的实践行动，将理论变为现实，让其影响力得以最大化。宋庆龄的儿童教育思想与实践为时代提供了宝贵的启示。她注重培养儿童的全面发展，倡导儿童参与艺术、体育等活动，促进其身心健康发展。宋庆龄强调儿童的独立思考能力和创造力的培养，鼓励他们勇敢地表达自己的想法。她的教育理念强调对个性的尊重和发展，希望每个儿童都能够展现自己的特长，发挥自己的潜能。宋庆龄以她的知行合一、率先垂范的精神，为中国儿童教育事业做出了巨大贡献。她的思想与实践不仅对当时的教育发展起到了重要的推动作用，还对我们在新时代做好儿童教育产生了深远的影响。

（编辑：王婧娴）

Research on Soong Ching Ling's Children's Education Thought and Practice

LI Ning，*ZHAO Jiali*

（Department of History and Culture，Lvliang University，
Lvliang，Shanxi 033000，China）

Abstract：Soong Ching Ling is a well-known politician and educator in modern China. Her thoughts and practices on children's education have had a

---

① 朱少伟：《"把最宝贵的东西给予儿童"——宋庆龄与〈儿童时代〉》，《浦江纵横》2023年第 3 期。

significant impact on the development of children's education in China. Her thoughts on children's education are mainly reflected in four aspects: Children's relief, children's inclusive education, children's ideological education, and children's education for all-round development. Guided by her educational philosophy for children, Soong Ching Ling played an active role in rescuing children during wartime. After the founding of the People's Republic of China, she made great efforts to develop children's welfare, providing a platform for children to realize their value, thus cultivating children's independent thinking and creativity. Her educational philosophy has been widely applied in contemporary children's education in China and has had a profound impact. Soong Ching Ling's views on children's education are of valuable reference for the development of children's education in China today.

Keywords: Soong Ching Ling; Children's Education; Educational Philosophy

家政劳动中的划界问题与划界渗透何以可能？

——以《跨国灰姑娘：当东南亚帮佣遇上台湾新富家庭》为例

王丽圆

（华东理工大学社会与公共管理学院，上海 200237）

摘　要： 家政劳动研究是流动与阶层的研究。蓝佩嘉的《跨国灰姑娘：当东南亚帮佣遇上台湾新富家庭》作为跨国女性家政工研究的典范之作，基于划界工作的理论视角，探讨了在照料劳动中"界限"以及"界限为何重要"的问题。其拓展了我们对全球家务分工和国际迁移中存在隐蔽且稳固的阶层、族群界限的认识，并在方法上将雇主与移工同时作为社会界限的协商和制造的主体参与者，避免了以往研究中存在的单边主体立场的问题。本文以此书为例，通过对划界理论视角的重新思考，系统梳理了家政劳动研究中的划界问题与理论。研究发现，除了作者提到了性别、阶层种族乃至研究者与受访者之间的划界，家政工内部还存在更为细化的劳动分工与性别不平等议题。因此，本文在此基础上提出了男女性别、雇主与家务移工以及家务移工内部新的三个层面的划界问题。同时，本文针对如何突破这些划界、实现划界渗透也尝试做出分析，希望为家政劳动今后的研究提供启发性思考与有意义的研究方向。

关键词： 家政劳动；迁移女工；划界；划界渗透

作者简介： 王丽圆，华东理工大学社会学系博士研究生，主要研究方向为家政劳动、流动与性别、婚姻家庭。

一　"灰姑娘"何以划界？

（一）全球化与迁移流动

全球化掀起了国际迁移浪潮，其中女性跨国迁移最引人注目，尤其是东南亚和南亚地区女性作为国际劳工输出的人数迅猛增加。① 在这样的时代背景下，就有了台湾大学社会学系教授蓝佩嘉老师《跨国灰姑娘：当东南亚帮佣遇上台湾新富家庭》一书的开篇场景②：台湾新富雇主佩君在机场接机家庭女工——菲律宾农村大学生诺玛。在跨国迁移的多种路径中，女性通常从事娱乐表演、护理照顾以及家务服务等低技术或非技术劳动，这一现象在亚洲尤为突出。据 2008 年台湾"劳委会"统计，中国台湾有超过 16 万名移工担任家务移工，其中 95% 以上是来自印度尼西亚、菲律宾和越南的女性。全球化连接了菲律宾、印度尼西亚、越南和中国台湾无数女性的生命轨迹。生产的全球化加速了国际贸易、金融的发展，并重新塑造了"新国际分工"结构③，同时也将城市进行了划分。

全球城市形成了以纽约、伦敦和东京为核心的国际金融城市和以香港、台北、首尔等为中介维系全球化经济运作的二阶城市。④ 全球城市分解的脉络也引发了两类跨国人力流动：一类是来自核心国家的专业技术人员与经理阶层；另一类则是低劳动成本的亚洲移工。第二种迁移流动是因为在全球城市中，中产阶级大幅扩张，促进了家务工作需求的扩张，而本地人不愿意从事这类低技术工作，外来移工则成为主要的劳动力。对亚洲雇主而言，消费外国商品和海外旅游是营造跨国新贵生活风格的元素，购买移工提供家务服务也成为彰显中产阶级地位的一种身份标志。

（二）女性劳工间的分界

20 世纪 90 年代末，中国台湾开始允许雇用外籍移工。雇用她们的台湾雇主多是青壮年的中产阶级，他们的父辈少有在家雇用佣人的历史，这些"新富家庭"的经验体现了台湾社会在阶级、族群、性别与代际关系上

---

① 施雪琴：《全球化、妇女迁移与亚洲公民社会——移民女工权利保护与菲律宾 NGO 的角色》，《东南亚研究》2009 年第 6 期。
② 蓝佩嘉：《跨国灰姑娘：当东南亚帮佣遇上台湾新富家庭》，吉林出版集团有限责任公司，2011，第 5 页。
③ F. Fröbel, J. Heinrichs, O. Kreye. The New International Division of Labour. *Social Science Information*, 1978, 17 (1): 123-142.
④ 蓝佩嘉：《跨国灰姑娘：当东南亚帮佣遇上台湾新富家庭》，吉林出版集团有限责任公司，2011，第 43 页。

的转变。蓝佩嘉发现在家务移工的整个流动过程中，既有明显的国界之别、族群分类、阶层差异，也有隐蔽的性别界限、家庭场域内的空间界限等。在照料行业中，女性仍然是劳动主力军，国家和市场的干预固化了照料劳动女性化的这种性别劳动分工的意识形态，形成了性别化的劳动政体（gendered regimes of production）。① 因此，在经济全球化的趋势、跨国劳动力的流动迁移下，具有阶级或者种族优势的女性得以借助市场外包的方式购买其他女性的劳务来减轻自己的家事和育儿重担，从而形成全球照顾链（global care chains）②，这种现象也将不同阶层、种族、国别的女性在劳动市场中进行了划界与区分。

社会界限如此突出并且举足轻重，但是既有研究忽视了无薪家务劳工与有薪家务劳工之间的联结与关系，同时也默认和接受了女性内部分化的性别压迫，比如女雇主与女家务移工之间的二分界限，导致对女性多重身份与流动的生涯轨迹视而不见，忽略女性内部角色相互流通或重叠出现的可能性与实际状况。

蓝佩嘉花了数年时间访谈了超过百位印度和菲律宾移工、中国台湾雇主，聚焦于中国台湾雇主与家务移工的相遇，了解劳雇双方在同一屋檐下所面临的结构困境、生存策略与认同政治。这为家政照料研究中分析雇主与家务移工之间的互动关系提供了非常好的典范与深入的探索，并借此探究人们如何跨越国族与社会界限来认同自身与"他者"。运用"划界工作"理论联结宏观的结构力量与微观的人际互动，能够丰富照料劳动研究的分析视角。

二　划界理论

（一）划界与划界工作

"边界"（boundaries）亦可译为划界（为和蓝佩嘉老师的翻译统一，

---

① 佟新：《照料劳动与性别化的劳动政体》，《江苏社会科学》2017 年第 3 期。
② A. R. Hochschild. Global Care Chains and Emotional Surplus Value. In D. Engster，T. Metz（eds.）. *Justice，Politics，and the Family*. Routledge，2015，p. 13.

本文采取后一翻译），早在涂尔干、马克思和韦伯等经典社会学家的作品中就有所涉及，它是社会学家理论工具箱中的一个重要核心概念。[①] 它涉及诸多社会学议题，如在社会分层、职业社会学以及社会性别中，划界问题都会被讨论。这些议题都与全球化趋势下的家政劳动密切相关，因为家政工是社会流动群体中的一个重要分支，家政劳动又涉及性别分工的议题，家政职业的发展也是职业社会学中的重要议题。本文也将结合这些社会议题，着重去梳理相关的划界理论。

在社会分层和不平等议题中，"划界"的讨论一直在持续，它可以分为社会划界（social boundaries）和符号划界（symbolic boundaries）两大类。欧美社会学家针对社会划界的研究，提出了 EGP[②] 和 Wright[③] 两种社会分层框架。前者以雇佣关系实证为例，首先，根据市场能力和工作关系来定义阶级边界，将职业划分为雇主、自雇者和雇员三种类别；然后，根据劳动契约、服务契约以及介于两者之间的契约类型，将雇主与雇员身份细化；最后，根据技术水平进一步划分雇员身份和职业类型，构造了一个包括 13 个职业类别、7 个阶级的分析框架。Wright 框架则以资产所有权为标准，将人们分为所有者（雇主）和非所有者（雇员）。其中，所有者按拥有资产的多寡又被划分为资产阶级、小业主和小资产阶级 3 个阶级；雇员则按拥有组织资产和技术资产的状况划分为 9 个类别（见表 1）。可见，技术与资产是构建社会分工、阶级分层，形成市场契约关系的重要因素。

表 1　EGP 和 Wright 两种社会分层框架

分类标准	EGP 社会分层框架	Wright 社会分层框架
雇佣关系	根据市场能力和工作关系划分了雇主、自雇者和雇员三种类别	根据资产所有权划分了所有者（雇主）和非所有者（雇员）

① 范晓光：《边界渗透与不平等：兼论社会分层的后果》，社会科学文献出版社，2014，第 25~29 页。

② R. Erikson, J. H. Goldthorpe. *The Coonstant Flux: A Study of Class Mobility in Industrial Countries.* New York: Oxford University Press, 1992, pp. 685-699.

③ Erik Olin Wright. *The Debate on Classes.* New York: Verso, 1989, pp. 191-211.

续表

分类标准	EGP 社会分层框架	Wright 社会分层框架
雇主划分	三种契约类型	根据资产多寡划分 3 个阶级
雇员划分	根据技术水平划分 13 个类别	根据组织和技术资产划分 9 个类别

除此之外，随着社会学的文化转向，社会分层还存在一种符号划界。在布迪厄看来，人们在日常生活中所呈现的自我，是将自己不断归类于不同的"我们"与"他者"，是"自我"与"他者"求同存异的过程。不同的群体在经济、文化和社会历史的演变进程中形成独特的"惯习"，使个体或群体带着某种阶级特性，"选择并形成用以标识自身阶级属性的品位和生活方式"，这种"惯习"就成了符号划界的具体形式，也构建了符号化的"分类斗争"（classificatory struggles）。

在不同阶层的划分与自我呈现下，经济与文化的区隔在很大程度上由他们所扮演的具体社会角色决定的，即扮演着怎样的工作角色、具备怎样的专业知识和技能，成为定义一个社会成员的重要标准。因此，"划界"也是职业社会学中的重要概念。

划界工作（boundary work）的概念是由科学社会学家吉尔因（Gieryn）在研究科学划界问题时提出的，即"科学家选择性地赋予科学体制（包括从业者、研究方法、专业知识、专业价值和工作组织）一些特性，以此与'非科学'领域之间建构一条社会边界"[1]。它是划分专业领域的社会机制，对于知识社会学和职业社会学来说都是一个非常重要的概念。[2] 在知识社会学中，边界的界定与绘制是确定某一专业领域控制权和生产知识的重要手段。[3] 在职业社会学中，划界工作可以帮助一个职业确立管辖权，即通

[1] 白红义：《新闻业的边界工作：概念、类型及不足》，《新闻记者》2015 年第 7 期。

[2] M. Carlson. Introduction：The Many Boundaries of Journalism. In M. Carlson, S. C. Lewis（eds.）. *Boundaries of Journalism：Professionalism, Practices and Participation*. London and New York：Routledge, 2015, p. 3.

[3] M. Schudson, C. W. Anderson. Objectivity, Professionalism, and Truth Seeking in Journalism. In K. Wahl-Jorgensen, T. Hanitzsch（eds.）. *The Handbook of Journalism Studies*. New York：Routledge, 2009, pp. 88-101.

过专业对某一领域拥有合法控制权，其他专业不能越界，这是其排他性特征的体现。① 从理论层面来看，虽然家政劳动行业的发展历史并不短，但似乎具有门槛低、薪酬低以及从业者社会地位低等特点，导致其很难与"专业化、职业化"等学术词语相联系，更无法与医学、法律等公认的、具有明确特性的代表性专业或职业相提并论。但无论是知识社会学还是职业社会学，其给我们的启发是，任何专业学科或者任何职业都拥有自身对管辖权的要求和划界工作建立的权力。

福尔涅（Fournier）进一步将划界工作描述为一个围绕"构建边界和维护边界"两部分的过程。首先，在构建边界的过程中，福尔涅借鉴了福柯的知识权力概念，认为一个专业领域应该具备排他性的独立的知识库，并且能够构建明确的职业角色分工。而划界工作的第二个组成部分则是创建和维护专业边界的持续努力。在维护边界的过程中，福尔涅借鉴了韦伯的社会封闭（social closure）概念，描述了三种类型的边界建设和维护的过程。② 第一个是在持续竞争中维持专业间的界限，保护专业管辖权。第二个是维持专业人员与客户之间的界限，专业人员需要具备外行无法掌握的职业技能和隐性知识③，以此种强专业性和不可或缺性来创造和增强客户对专业服务人员的依赖。第三个是维护专业和市场之间的界限，即专业应该是对服务本身、专业知识以及职业道德等公共利益负责，区别于市场赢利的特质，将专业与市场划清边界，也有利于保护职业的专业性。

划界工作是指人们用来创建、维护和复制工作和家庭类别的策略、实践和流程，它不仅关注人们在身体上管理日常生活的方式，还关注他们如何在精神上、情感上和社会上理解周围的世界。④ 因此，划界工作不仅仅

① A. Abbott. *The System of the Professions*: *An Essay on the Division of Expert Labor*. Chicago, IL: University of Chicago Press, 1988.

② Valerie Fournier. Boundary Work and the (un) Making of the Professions. In Nigel Malin (ed.). *Professionalism, Boundaries and the Workplace*. Routledge, 2002, pp. 67-86.

③ M. S. Larson. The Rise of Professionalism: A Sociological Analysis. In S. Aronowitz, M. J. Roberts (eds.). *Class: The Anthology*. Wiley-Blackwell, 2017, pp. 263-286.

④ T. D. Allen, E. Cho, L. L. Meier. Work-family Boundary Dynamics. *Annual Review of Organizational Psychology and Organizational Behavior*, 2014, 1 (1): 99-121.

是做出个体选择，还涉及合作伙伴之间的谈判。① 此外，划界工作受到许多社会、文化、制度安排和实践的影响，如性别制度、劳动力市场、儿童保育系统和其他福利服务。②

其中，性别制度与划界工作密切相关，当个体执行划界工作时，同时也在协商性别制度，具体体现在个体性别和父母性别上。人们认为自己和他人是性别化的行动者，因此通过完成日常活动，他们参与了与性别相关的意义建构过程。性别与划界工作一样，人际互动构成了社会实践，反过来又构成了规范的性别刻板印象、性别期望和基于性别的行为。然后，个体利用这些已建立的思维、感觉和行为模式，在管理他们自己的日常生活的同时，也复制和重建这些模式。早期的研究经验表明，划界工作实践是由性别和父母身份共同决定的。③ 例如，男性和女性通过不同的方式解释了工作与家庭生活的模糊关系，这揭示了被访者在将喜欢的划界工作方式付诸实践的能力方面的性别不对称性。④

而在性别研究中，性别分工和角色划分一直是讨论的焦点。Gerson 和 Peiss 反对静态的"性别角色"概念，转而引介"性别界限"的概念来强调性别分派的可塑性与渗透性。⑤ Potuchek 将男人与女人划分成两个截然不同的群体（marker）⑥，对性别界限提出了更明确的界定。Lamont 和 Molnér 认为，界限是"我们用来分类物品、人群、实作，甚至时间与空间

①　S. K. Ammons. Work-family Boundary Strategies: Stability and Alignment between Preferred and Enacted Boundaries. *Journal of Vocational Behavior*, 2013, 82（1）: 49-58.

②　I. Rybnikova, J. Krüger. Between Work and Non-work: Institutional Settings of Boundary Management in Case of German Self-employed Lawyers. *Management Revue*, 2015, 26（3）: 253-275.

③　C. Sullivan, S. Lewis. Home-based Telework, Gender, and the Synchronization of Work and Family: Perspectives of Teleworkers and Their Co-residents. *Gender, Work & Organization*, 2001, 8（2）: 123-145.

④　K. Otonkorpi-Lehtoranta, M. Salin, M. Hakovirta, A. Kaittila. Gendering Boundary Work: Experiences of Work-family Practices among Finnish Working Parents during COVID-19 Lockdown. *Gender, Work & Organization*, 2022, 29（6）: 1952-1968.

⑤　Judith M. Gerson, Kathy Peiss. Boundaries, Negotiation, Consciousness: Reconceptualizing Gender Relations. *Social Problems*, 1985, 32（4）: 317-331.

⑥　Jean L. Potuchek. *Who Supports the Family?: Gender and Breadwinning in Dual-Earner Marriages*. Redwood City: Stanford University Press, 1997, p.33.

等的概念性划分"。① 划界工作让我们透过日常的社会生活来联结制度上的社会文化分类与我们认知的图像。划界工作隐蔽地散落在我们的日常生活中，形成一种隐性知识（tacit knowledge）与身体惯习（habitus）②，形塑我们对自身与他人关系的理解。

划界的存在不仅让社会文化得以再生产，而且巩固了既有的性别不平等与社会阶层。去性别化或者弱化性别界限，是女性解放和女性主义发展的艰巨任务，而树立女性主体性是完成这一任务的关键因素。③

因此，这个概念不仅强调了社会阶层的划分与区隔，也衍生出社会学对不同群体关系的思考，以及个体在群体中所能发挥的主体性思考。

（二）划界工作中的融合性与关系性思考

在具体的家政劳动研究中，我们始终无法回避的问题便是女性在家庭与工作之间的平衡。关于此，有学者专门提出了划界理论，指出家庭与工作之间存在一条非对称的分割线④，并且这条分割线具有弹性和渗透性两个重要属性⑤。其中，划界弹性（boundary flexibility）是指个体可以根据不同领域的社会角色需求来调整自身的精神认知和客观行为，某一领域的需求增加，则会搁置另外一个领域的角色需求。⑥

另一个特性是划界渗透性（permeability）⑦，它是指个体将身体位置与

---

① M. Lamont, V. Molnér. The Study of Boundaries in the Social Sciences. *Annual Review of Sociology*, 2002, 28 (1)：167-195.

② David Coburn. Professionalization and Proletarianization：Medicine, Nursing, and Chiropractic in Historical Perspective. *Labour/Le Travail*, 1994, 34：139-162.

③ 李小江：《我们用什么话语思考女人——兼论谁制造话语并赋予它内涵》，《浙江学刊》1997 年第 4 期。

④ P. Allis, M. O'Driscoll. Positive Effects of Nonwork-to-Work Facilitation on Well-being in Work, Family and Personal Domains. *Journal of Managerial Psychology*, 2008, 23 (3)：273-291.

⑤ S. C. Clark. Work/Family Border Theory：A New Theory of Work/Family Balance. *Human Relations*, 2000, 53 (6)：747-770.

⑥ 申传刚：《边界弹性在双职工夫妻工作-家庭平衡中的作用机制研究》，博士学位论文，华中师范大学，2014。

⑦ 范晓光：《边界渗透与不平等：兼论社会分层的后果》，社会科学文献出版社，2014，第67~166 页。

心理角色进行分割或融合的倾向程度。① 高渗透性的边界较"薄"，即不同领域的角色之间倾向于整合，划界强度较低；而低渗透性的划界则会使个体把工作与家庭清晰地区隔。这在性别差异上体现得尤为明显②，成为传统性别劳动分工建构的基础，即女性更有可能会模糊化和整合工作与家庭的关系，因此女性职工在完成工作之后，通常在家庭领域还要承担更多的家庭责任与劳动。划界渗透这个概念可以成为衡量个体在社会结构中建立的强弱关系与评估社会不平等程度的重要指标。同时，它又可以成为破解阶级划分难题的重要手段，让我们重新思考划分阶层中的群体关系乃至个体主体性问题。

从更大的社会层面来讲，划界渗透包括社会流动与社会关系。在韦伯的社会分层理论体系中，社会封闭（social closure）概念强调了现代工业社会促使群体特征作为"特定的、经济性垄断"的标准，抑制了代际流动和代内流动，使封闭性的阶级最大化自身的报酬和机会。帕金在此基础上概括了社会封闭有排斥和篡夺两种策略，据此构建社会集群之间的阶层区隔和资源利益划分。③ 这与职业社会学中阿伯特提出的"管辖权"有异曲同工之妙。

著名的开放理论（liberal theory of industrialism）则进一步让我们看到划界渗透性对主体能动性的重视，工业化中的绩效原则给了更多人流动的机会，在一定程度上促进了机会的公平化，因此不同阶层群体在流动中走到了一起。Wright 将这种阶级划界的渗透性细分为动态的社会流动渗透和静态的社会关系渗透两类。④ 后者主要指跨阶级家庭和跨阶级友谊等社会关系。

在家政劳动研究中，雇主家庭这一私领域便是拥有全球化性质的跨阶

---

① 韦慧民、刘洪：《工作—非工作边界渗透及其管理研究》，《科学学与科学技术管理》2013年第5期。

② A. Andrews, L. Bailyn. Segmentation and Synergy: Two Models of Linking Work and Family. In J. C. Hood（ed.）. *Men, Work, and Family*. Newbury Park, CA: Sage, 1993, pp. 262–275.

③ 范晓光：《边界渗透与不平等：兼论社会分层的后果》，社会科学文献出版社，2014，第59~61页。

④ Erik Olin Wright. *The Debate on Classes*. New York: Verso, 1989, pp. 191–211.

级文化渗透的工作场所。处在流动中的家务移工比留在自己老家的女性拥有更多跨阶层的社会交往与实现社会地位跨越的机会和通道。

家政劳动的研究与社会流动密不可分，而流动必然带来不同集群之间的互动、不同阶层之间的交往，因此，回答划界中的分层问题以及如何突破分层，实现划界渗透则是当下家政研究中的重要议题。

三　家政劳动实证研究中的划界问题

（一）男女性别划界：家务劳动女性化

在《跨国灰姑娘：当东南亚帮佣遇上台湾新富家庭》一书中，从蓝佩嘉老师与雇主的对话访谈中可以发现，有些雇主的话语充满了种族歧视或阶级偏见，尤其有些男性雇主倾向于发表一些居高临下的带有阶层性质的言论。比如，一些男性雇主认为家务工作这一研究主题属于微不足道的"女人家的事"，主流的男性化议题更应该倾向于生产、发展等具有公共价值的领域。因此，蓝佩嘉老师在后期描述研究主题时将其升级为"外劳政策"或"照料的制度安排"等话语。这种议题的等级链也深刻反映了父权制结构无处不在的隐蔽的压迫，就像阳刚的男子气概始终要高于其他性别气质的偏见认知一样。在男性雇主们表现出的阶级骄傲与族群优势下，还有一层隐蔽的性别霸权逻辑，即女性需要承担更多的家务劳动。

《跨国灰姑娘：当东南亚帮佣遇上台湾新富家庭》一书的第六章"屋檐下的全球化"更是细致地剖析了"家"这个场域内每天上演的性别分化与划界渗透的互动。如女性雇主与女性移工有时能够共情女性全球性的难题——如何平衡家庭与工作的关系、反对更具传统性别分工特质的"恶婆婆"。这些跨越阶层的关系渗透，反映了不同族群、阶层身份的女性群体对父权制的抗争。

无论是女性雇主还是家务移工，她们都被全球现代性的想象所召唤，希冀成为具有国际观与现代性的主体。作为女性，她们都在试图运用特定的策略来协商本土性的父权关系及性别界限。

（二）女性雇主与女性移工之间的划界

来自不同阶级的两类女性因家务分工而相遇，她们在家庭功能上相互补充，又在文化交流上相互分离。周群英认为，家庭成为一种身份转换和阶层划分的微观政治场域，女性雇主既需要拥有专业知识和技能的家务移工作为"家里内人"来帮助自己，又通过构建"家里外人"的身份角色巩固阶层等级秩序。①

在蓝佩嘉老师的书中，有两章深入探讨了不同阶层女性之间的划界问题。"女人何苦为难女人"和"跨越国界与性别藩篱"两章深刻凸显了不同阶层女性之间的划界问题，反映了在家庭这个生产家务劳动的私领域中，内部女雇主与女移工之间的界限划分，以及住家的工作环境让传统的公/私领域界限变得模糊，即私领域的顾家与有酬的家务工作无法清晰划分。而第五章"灰姑娘的前后台"也讨论了不同空间下女性内部的阶级压迫与空间场域的角色展演。

蓝佩嘉以"跨国灰姑娘"的比喻来彰显家务移工在迁移旅程中的复杂与两难：与雇主的关系在地理上亲密但在地位上疏离；这场迁移之旅既是一种社会流动的公平化解放，也是一种新型的性别压迫。家务移工为了逃离家乡的贫困与经济压力，为了拓展人生视野及探索现代世界而漂洋过海来到异国他乡，但是异国的生活并不是那么美好。当其坐困于雇主家中，被视为"用完就丢"的劳动力，灰姑娘的美满结局仍如童话般梦幻。

在当代中国城市家庭中，职业女性仍然面临着平衡"理想家庭"与"理想工作"的文化期待，她们在完成工作回归家庭后仍然需要完成霍克希尔德所说的"第二轮班"（the second shift）。② 而雇用底层女工或外包家务劳动成为中产阶层女性应对照料危机的主要渠道，她们能够豁免家务劳

---

① 周群英：《"家里外人"：家政工身份转换的人类学研究——以阈限理论为视角》，《湖北民族学院学报》（哲学社会科学版）2019 年第 2 期。

② A. Hochschild，A. Machung. *The Second Shift*：*Working Families and the Revolution at Home*. Penguin，2003，p. 7.

动是以家政女工的参与为基础的。① 从本质上来讲，中产阶层男性与女性的性别平等实则是以不同阶层女性的不平等为代价的，家务劳动的转移仍然局限在女性内部，男性始终能够置身于家务劳动之外。因此，女性雇主与女性移工之间的划界，体现的是公共领域不可消解的性别秩序与阶层冲突。

（三）"家政鄙视链"：女性移工内部的劳动划界

家务女工或者女性移工在全球资本化的时代已经成为不可忽视的劳动群体。女性再次进入市场的"革命"似乎也在悄然进行着，然而这一群体的迁移不止发生在东南亚或南亚，也不止发生在国内的城乡，而是呈现整体的全球性迁移，所以这个议题是复杂的全球性话题。

20世纪70年代，一些西方学者曾经认为家务移工这份工作将会随着家务服务的商业化②以及新家务科技的发明而式微③。然而这个言论没能成真，随着现代化的进程，以及新自由主义与全球资本主义的蓬勃发展，家务女工的类型越来越多样化，分工也越来越细化，并且全球女性也打破了所谓"全球南方"和"全球北方"的流动疆界，"全球南方"的新富国度也正在增加对家务女工或女性劳动力的需求。同样，在具体的家务女工领域，家务雇佣的权力关系也出现多元概念，形成异质性群体。④

2021年，中国家政服务从业人员已达3000万人，其中大部分为女性。⑤ 以女性劳动者为主的家政服务行业也是世界范围内非正规就业中占

---

① 周群英：《"家里外人"：家政工身份转换的人类学研究——以阈限理论为视角》，《湖北民族学院学报》（哲学社会科学版）2019年第2期。

② D. Chaplin. Domestic Service and Industrialization. *Comparative Studies in Sociology*，1978，1：97-127.

③ L. A. Coser. Servants：The Obsolescence of an Occupational Role. *Social Forces*，1973，52（1）：31-40.

④ C. T. Mohanty. Under Western Eyes：Feminist Scholarship and Colonial Discourses. *Boundary*，1984，12（3）：333-358.

⑤ 《中国家政服务从业人员已达3000万人》，https：//www.gov.cn/xinwen/2021-10/21/content_5643972.htm。

比最高的行业。① 同时，面对现代化市场进程的需求与分化，家政工群体也可细分成不同的工人群体。大致上看，可以根据照料劳动强调的本质属性分成两类：一类是注重情感维系和人际关系连接的工作，如儿童保育、老年看护、医疗保健等；另一类则包含更多的体力劳动，如洗衣、烧饭、打扫卫生等。②

　　而细化的照料劳动分工与类型又衍生出了新的群体边界和分化，即家政就业市场内部的异质性。比如，同为需要情感维系和付出的照料劳动，母婴护理员（月嫂）的工资远高于老年护理员；另外，拥有专业技能的家政人员在收入上也更具竞争力。这样清晰的划界，又会在新一代"灰姑娘"群体中进一步延伸"家政鄙视链"，固化隐形的社会歧视界限。

四　家政劳动中的划界渗透何以可能?

（一）愈全球化，愈分化

　　蓝佩嘉老师的《跨国灰姑娘：当东南亚帮佣遇上台湾新富家庭》一书从性别界限、种族阶级界限以及研究者与受访者界限三个层次探讨全球家务分工以及国际迁移经验所涉及的划界工作，为家政劳动研究在划界关系理论和田野经验上都做出了深入探讨的典范。首先，家务劳动被市场外包这一社会现象，突出了劳动女性化的特点，同时进一步在家政劳动中反映出性别界限与其他社会不平等议题。其次，在国际迁移图景中，迁入国与母国社会里的族群和阶级界限如何被重新划分。最后，这种阶级界限也延伸到了具体的研究者与受访者的身上。家成为全球不平等与社会差异的交会处，在屋檐下的日常生活中，雇主和移工都在协商、营造空间界限，借此具体化社会界限的存在。社会分类与地位区隔进一步细化了全球化下家务移工在各个阶段、场域中遭遇的划界，研究者用扎实的理论基础和丰富

---

① International Labour Office. Domestic Workers Across the World： Global and Regional Statistics and the Extent of Legal Protection. Geneva： International Labour Office，2013.

② M. Duffy. *Making Care Count： A Century of Gender，Race，and Paid Care Work.* New Jersey： Rutgers University Press，2011，p. 75.

的田野实践，将抽象的理论与具体的现象联结，抽丝剥茧地为我们拨开遮掩着盘根错节的事件的迷雾，呈现里部的核心和本质：割裂的族群、分化的世界。

因此，本文得出结论：世界越来越全球化，同时也越来越分化。我们需要更具包容性的移民政策和自省性的文化态度来打破国族中心的地域主义和社会歧视的隐形界限。

然而，研究者并没有进一步探讨如何在分化的全球化社会里实现划界渗透或文化交融。

（二）划界渗透何以可能？

《跨国灰姑娘：当东南亚帮佣遇上台湾新富家庭》于 2011 年出版，距离现在已经十余年，社会已经发生了翻天覆地的变化，因此对全球化下的家务移工研究与探讨也应该有新的突破与思考。结合近年来的家务移工研究，包括不同地区、国别、家政工的研究，笔者发现除了蓝佩嘉老师提出的三个层面的划界，还存在家政劳动内部的划界，这使得划界工作进一步延伸。"灰姑娘"也不仅仅指跨国流动的女性劳工，还包括城乡流动中的女性，她们一方面在经济基础和居住空间上实现了从低薪到高薪、从乡镇到城市的向上流动，另一方面社会身份和角色地位上的转变导致了向下流动的复杂情境。

因此，本文在此基础上尝试思考在男女性别、雇主与家务移工，以及家务移工内部三个层面的划界，简要分析现有研究针对这些议题给出的启示以及未来研究的思考方向，实现划界渗透。

首先，在家务劳动女性化的性别划界中，划界视角的结构理性可能弱化了每一个发声的主体，她们的表述可能并没有或者不止蕴含着社会的分化，还包括个体的情感，"个人的即政治的"女性主题也应该得以彰显，而不是仍然让女性声音淹没在宏大的结构叙事中，变得微不足道，与其等待社会政策和群众的自省，不如让女性主体喊出自身的诉求。比如女性雇主与女性移工在家务劳动上的联合、在同一个屋檐下的结盟，都体现了女性主体之间的团结和对父权制的挑战。即使力量微弱，但是"个体的即政治的"这种团结意识能够让不同阶层的女性在阈限空间内实现文化上的交融与渗透，因此需要注重跨越不同族群与阶级的女性主体经验，以及其实践的能动性和动态的认同形构（identification）。但可能还需要更多男性参与到这些性别议题的研究和讨论中来。

其次，在女雇主与女性移工的划界中，周群英发现家政工既养又育的工作特性和职业技能有助于她们在雇主家庭中在"外人"与"家人"之间实现不同身份的转换，即使"家里外人"的身份从某种程度上仍然不能消弭"底层女性"的污名，但也成为构建性别权力和等级秩序的重要手段。但是研究也发现，尽管周期性和暂时性的"文化交融"并没有消解社会结构的等级，却有缓和阶层矛盾、实现社会结构有序运行的功能。① 雇主与移工都是女性也是母亲，彼此间形成某种亲密的同盟关系，世俗的级别之分、地位之分以及伴随身份的权利义务在有限的家庭空间内都消失了。② 因此，在这一层面上，女性雇主与女性移工则突破了阶层区隔，实现了划界渗透与文化交融，模糊化了女性劳动分工的身份和阶层界限。

最后，家务移工内部的划界看似只是这一群体的分工，却牵涉家政行业中雇主、家政公司以及政府等多层面的责任与义务。家政工内部的划界问题，主要源于她们所从事工作的类型不同，是社会基于"体面劳动"的不同定义③，从而导致各类家政工的收入呈现巨大差距。因此，要解决这一问题，需要在多层面上做出努力。政府需要针对家政工和家政职业，完善相应的法律保护与福利政策，规范非正规就业市场；家政公司培训也应该受到进一步的监督，不同类型的家政工应该匹配合格的系统的职业培训，才能持证上岗；市场需求也应被合理化，供需平衡以保障家政工的收入分配，缩小内部差距。这些结构层面上的政策制度完善，有利于社会媒体更加全面地了解家政工群体，为家政工打造积极正面的形象，减少社会偏见。

① 周群英：《"家里外人"：家政工身份转换的人类学研究——以阈限理论为视角》，《湖北民族学院学报》（哲学社会科学版）2019 年第 2 期。
② 〔英〕维克多·特纳：《仪式过程：结构与反结构》，黄剑波、柳博赟译，中国人民大学出版社，2006，第 96 页。
③ 马丹：《北京市家政工研究》，《北京社会科学》2011 年第 2 期。

本文只是提出划界问题，并针对三个层面的划界问题提出了简单的思考和策略，关于划界问题的进一步延伸，以及如何实现划界渗透都需要未来的学术研究和专家学者们做出努力和深入分析。

（编辑：陈伟娜）

Boundaries in Domestic Work and Boundary Permeability：Take *Global Cinderellas* as an Example

WANG Liyuan

（School of Social and Public Administration, East China University of Science and Technology, Shanghai 200237, China）

Abstract：The study of domestic work is the study of mobility and social stratum. Pei-Chia Lan's *Global Cinderellas* is a model study on transnational female domestic workers. It uses boundary-making as the lens through which to discuss "boundaries" and "why boundaries matter" in care work. It expands our understanding of the hidden and solid class and ethnic boundaries in the global housework division and international migration experience, and regards both employers and migrant workers as the main participants in the negotiation and the making of social boundaries, avoiding the problem of unilateral subject position in previous studies. Taking this book as an example, this study made a systematical analysis of boundary-making and its theory in domestic work research. It is found that apart from the author's reference to the boundaries in gender, stratum, ethnicity, and even between researchers and respondents, there are further divisions of labor and gender inequality within domestic workers. On this basis, this study puts forward three new aspects of boundaries, namely, boundaries in gender, between employers and migrant workers, and within domestic migrant workers. At the same time, this study also tries to analyze how to break through these boundaries and realize boundary permeability, hoping to provide enlightening thinking and valuable research direction for future research on domestic work.

Keywords: Household Work; Migrant Female Worker; Boundaries; Boundary Permeability

● 家政服务业 ●

心理需求视域下社区养老服务的问题、成因及发展路径研究

陈 战[1] 杨 飞[2] 董建杉[2] 李 丹[1]

（1. 石家庄乐创企业管理咨询有限公司，河北石家庄 050000；2. 石家庄文化传媒学校，河北石家庄 050000）

摘 要： 随着我国逐步进入老龄化社会，养老质量已经成为全社会关注的焦点。社区养老服务已不只是物质条件的供给，更重要的是要让老年人从身心两方面得到关怀和满足。从心理需求视域了解社区养老服务存在的问题，有助于社区养老服务内容的延伸与质量的提升。针对服务中存在的供需对接不统一、服务同质化严重、专业水平不高、观念陈旧等问题，通过梳理现实成因，整合政府-社会-社区养老资源，在传统家庭养老基础上，探索社区养老服务的发展路径。在政府职能方面，要整合多方资源，拓宽资金渠道，调研分析养老需求，精准配套服务政策；在社区养老服务机构运营方面，要梳理养老需求层次，配套差异化服务设施，夯实服务基础，提升养老服务从业人员素质。

关键词： 社区养老服务；心理需求；老龄化

作者简介： 陈战，石家庄乐创企业管理咨询有限公司总经理，助理研究员，河北省养老服务工作专家库成员，主要研究方向为老年服务与管理、学前教育；杨飞，石家庄文化传媒学校助理讲师，心理健康教育硕士，主要研究方向为教育心理学；董建杉，石家庄文化传媒学校助理讲师，主要研究方向为社区教育管理；李丹，石家庄乐创企业管理咨询有限公司教研部主管，助理研究员，应用心理学硕士，主要研究方向为学前教育、教育心理学。

在我国老龄化时代开启之时，如何应对老龄化挑战，满足人们不断提升的养老需求，成为社会持续良性发展必须面对的问题。当前国内养老服务模式和传统家庭养老观念衔接最好的就是社区养老服务，一方面，社区

养老可以协助解决家庭养老压力，缓解年轻人由于工作忙碌，日常照顾不及时的问题；另一方面，社区养老服务可以有效整合政府－社会－社区资源，充分满足老年人多方面需求，尤其是心理需求，提供丰富的服务内容和形式。注重老年人心理需求，深入探索社区养老服务模式，有助于提升老年人生活质量，促进社会可持续发展。

一 人口老龄化与社区养老服务现状

（一）人口老龄化现状

1. 我国人口老龄化现状

2020 年第七次全国人口普查数据显示，我国 60 岁及以上人口数量已经达到 2.6 亿人，占人口总数的 18.70%，其中 65 岁及以上人口为 1.91 亿人，占人口总数的 13.50%。相比 2010 年第六次全国人口普查，0~14 岁人口的比重上升 1.35 个百分点，15~59 岁人口的比重下降 6.79 个百分点，60 岁及以上人口的比重上升 5.44 个百分点，65 岁及以上人口的比重上升 4.63 个百分点。按照此趋势发展，到 2035 年，中国 65 岁及以上的人口很有可能突破 3 亿人。[①]

2. 石家庄市人口老龄化现状

石家庄市是步入老龄化社会较早的城市，1993 年就已经步入老龄化社会，当前，石家庄市的人口老龄化形势依旧严峻。石家庄市统计局发布的石家庄市第七次全国人口普查数据显示：全市常住人口中，0~14 岁人口为 2168697 人，占全市总人口的 19.30%；15~59 岁人口为 6991115 人，占全市总人口的 62.23%；值得关注的是 60 岁及以上人口为 2075274 人，占全市总人口的 18.47%，其中 65 岁及以上人口为 1444856 人，占全市总人口的 12.86%。与 2010 年第六次全国人口普查相比，0~14 岁人口的比重提高 4.07 个百分点，15~59 岁人口的比重下降 9.90 个百分点，60 岁及以上人口的比

---

① 《第七次全国人口普查公报（第五号）》，https://www.stats.gov.cn/sj/tjgb/rkpcgb/qgrkpcgb/202302/t20230206_1902005.html。

重提高 5.84 个百分点，65 岁及以上人口的比重提高 4.73 个百分点。①

3. 国家积极应对人口老龄化的相关政策

《"十四五"国家老龄事业发展和养老服务体系规划》中强调，要推动全社会形成积极向上的老龄观，引导老年人结合自身实际状况，积极适度融入家庭、社区和社会发展；积极开展"银龄行动"，支持老年人参与文明实践、公益事业、慈善捐助、志愿服务、科教文卫等事业；重视老年人继续发挥余热、贡献社会，积极建设凝聚老年人智慧的高层次老年人才智库，在调查研究、咨询建言等方面发挥作用；鼓励和引导老年人在城乡社区建立基层老年协会等基层老年社会组织，搭建自我服务、自我管理、自我教育平台；指导和促进基层老年社会组织规范化建设。② 所以，要在传统家庭养老基础上，尊重老年人生理、心理多层面的需求，并以此为基础探索完善社区养老服务的功能，从低到高分层次、分阶段探索满足不同服务诉求：第一层为生理需求，满足老年人日常饮食起居等需求；第二层为安全需求，帮助老年人提升身体机能，保障老年人的人身安全、财产安全等；第三层为社交需求，助力老年人情感上的交流，如友情、亲情等；第四层为尊重需求，帮助老年人在社区继续得到认可，主要包括信心、自我尊重等；第五层为自我实现需求，即尽最大能力实现自我价值的需求。总之，当下老龄化的趋势要求为老年人在日常饮食起居照料、社会交往、心理疏解、归属关爱、医养结合等方面提供更全面、更完善的服务，助力老年人更好地适应晚年生活，提高其幸福感和满足感。

（二）不同地区的社区养老服务模式发展现状

1. 国外发达国家社区养老服务模式发展现状

社区照护模式起源于英国，它对机构养老和家庭养老进行了有机整

---

① 《石家庄市第七次全国人口普查公报（第四号）——人口年龄构成情况》，https：//tjj. sjz. gov. cn/columns/940d701f-5e56-4f5d-9ece-7968f6354993/202105/31/ddc6beea-3ba5-4cdc-9ffb-db7d902b10bf. html。

② 《国务院关于印发"十四五"国家老龄事业发展和养老服务体系规划的通知》，https：//www. gov. cn/zhengce/zhengceku/2022-02/21/content_5674844. html。

合，这种模式下的社区重点从物质和生活方面对老年人进行照料，从心理方面提供支持，是整体的关怀和照顾。社区养老服务是指政府、企业或社会组织等社会力量以社区为基本依托，建立专业化的服务机构，为在社区居住的老年群体提供诸如起居照料、餐食供给、康复治疗、娱乐休闲和精神慰藉等养老相关服务。对于照顾老年人而言，社区可以不受机构的限制，为老年人提供多种形式的服务，尤其对于低收入的老年人更是可以给予政策方面的优惠，引入多种社会力量投入经营，减轻财政和老年人自身的压力，易于解决老年人身心需求，形成和谐、舒适的生活氛围。

美国的社区居家养老服务主要有三种：一是家庭健康服务中心，老年人住在自己家中，家庭健康服务中心为他们提供有偿的生活和护理服务项目；二是城市社区管理非营利性的托老所，这种机构可以为想和家人住在一起，但又无很强自理能力的老年人提供日常保健和餐饮服务；三是老年娱乐中心，除午餐外，老年娱乐中心会组织文化、教育等各类相关活动。还有社区学院以及志愿服务，老年人在社区学院可以接受免费教育，也可以利用自己的知识和专长帮助他人。

澳大利亚针对老年人的社区服务包含家庭上门服务、社区内的护理服务，政府给予照护者额外的津贴，即给予照护者一定期限的免理由替代休息。其中暂息服务和护理津贴的对象是照护者的家属，为了使该照护者适当休息、缓解压力，可以让社区服务人员代替照护者在其休息时照顾老人，照护者可以以购物、休闲、娱乐等理由向社区提出申请获得暂息服务。对于居无定所的老年人，澳大利亚在全国各地推出养老和住房援助计划，用以帮助其解决困境。

2. 国内一线城市社区养老服务模式发展现状

我国与其他国家在社会制度、社会伦理和国情等方面均存在很大差异，因此，相比于国外社区养老服务模式，我国社区养老服务模式也不尽相同。我国对社区的定义为：由于地域范围的邻近，聚居在一起的群众一起参与社会生活，从而成为共同体。所以，社区是以群众生活的地域范围为基础的、统辖于居委会的生活区。我国养老服务问题的解决必须在坚守"居家"基础地位的同时，充分发挥"社区养老"的依托作用。家庭与社区的功能之间是互补关系，而非替代关系。因此，要从国内老年人心理需求出发，细化社区养老服务体系建设的方向，形成适合国人的社区养老服务体系的建设思路和方法，助推社区养老服务工作平稳发展。

上海市是较早进行社区居家养老试点的地区，该试点工作依托于养老机构，以日常托管和上门护理服务为主。在服务提供方面，设置居家养老服务热线和服务网站，为市民提供各类社区养老服务信息；在区政府以及街道办事处和区老龄委共同努力下，出资建设针对老年人服务的生活护理援助中心，提供的上门服务项目包含洗澡、陪护、谈心、复健等；为独居老年人安装"安康通"，老年人只需要按动按钮就可以即时向社区工作人员寻求帮助，其服务内容也包含心理咨询。在标准制定方面，上海市依据《社区居家养老服务规范》①建立了上海市"社区居家养老服务"的地方标准，该标准明确了社区应该为老年人提供的各类照料服务，凸显了个性化服务和心理服务的需求，例如代购代办、交流和谈心等服务。此外，上海市还积极探索社区嵌入式养老服务，围绕老年人生活照料、康复护理、精神慰藉等基本需求，社区内嵌入相应的功能性设施、适配性服务和情感性支持，让处于深度老龄化的社区具备持续照料能力，让老年人在熟悉的环境中、在亲人的陪伴下原居安养。②

中国香港特区政府提倡"家居照顾"的理念，主张让老年人居住在家里，同时可以依靠社区资源来为老年人提供丰富的养老服务，满足不同层次的实际需求。此外，积极鼓励老年人发挥个人潜能，服务社会，体现价值。特区政府还规定定期为承担照顾老年人责任的家属提供支持和服务，比如为他们提供免费知识培训、优惠政策等。香港尤其重视老年人的医疗护理，在社区建立老年人日间医院，老年人可以在白天的任意时间到该医院进行疾病的诊断和治疗，夜间无须在医院住宿；患有慢性病的老年人可以在这类医院进行康复训练，也可以获得心理咨询服务。这种做法既有利

---

① 《上海市质量技术监督局关于发布上海市地方标准〈社区居家养老服务规范〉的通知》，http://scjgj.sh.gov.cn/912/20210122/2c9bf2f675e566b40175e57eaab53756.html。
② 《上海市民政局关于印发〈上海市社区嵌入式养老服务工作指引〉的通知》，https://www.shanghai.gov.cn/nw12344/20200813/0001-12344_63121.html。

于老年病患不脱离社会生活，还能使老年人享受家庭生活，提升生活品质。此外，特区政府在实践探索过程中，还为所有老年人建立档案册，档案中记录了老年人的所有信息，管理人员可据其为老年人提供个性化的服务，包括有针对性的医疗服务、适合老年人身体的康复训练、符合老年人实际需要的照顾服务、满足老年人心理需求的社交服务。尊重隐私方面，特区政府设计制定严密的服务程序，确保老年人的隐私不被泄露；专业服务方面，要求所有专业人员按流程和标准提供服务，工作人员服务必须达到标准化要求，符合服务标准。

3. 石家庄市社区养老服务模式发展现状

石家庄市近些年来一直积极探索社区养老服务发展模式，开展多种形式的社区养老服务项目，比如推出社区老年食堂、推进适老化改造、把专业照护送进家门等措施，协调机构、社区和居家三种养老模式。自 2015 年开始，石家庄市内六区实施"六类"困难老年人社区居家养老服务补贴制度，每月发放 100~500 元补贴金，用于居家上门为老服务。补贴金直接发放到困难老年人的电子账户，老年人通过"孝心到家"App 可直接使用，线上下单就能享受生活照料、康复保健、文化娱乐、精神慰藉、紧急援助等多种服务。[①] 2021 年 6 月，石家庄市印发了《石家庄市调整困难老年人社区居家养老服务补贴制度实施方案》，对服务类别、服务清单、服务形式、服务价格、服务标准等进行规定。其中，服务类别有康复服务类、生活照料类、家政服务类、巡访关爱类、助餐服务类、医疗护理类、救援服务类等七大类。[②] 2023 年，石家庄市面向特殊困难老年人家庭，遴选出 5285 户实施适老化改造，重点支持最基础、最急需、最迫切特殊困难老年人群体的居家养老服务需求。[③] 为满足老年人"养老不离家"的需求，石

---

① 《【央媒聚焦】石家庄：延伸养老服务触角 点亮老年人幸福生活》，https：//m.thepaper.cn/baijiahao_20152071。

② 《裕华区民政局开放困难老年人社区居家养老助餐服务》，http：//www.yuhuaqu.gov.cn/col/1436151875708/2021/12/07/1638850808302.html。

③ 《对 5285 户特殊困难 老年人家庭实施适老化改造——10 月底前完成全年目标任务》，http：//www.sjz.gov.cn/columns/5021f17e－4f5b－40ad－a417－8a5cfcb88d71/202303/13/604e046e-daaf-4993-b7a0-c3603fd68426.html。

家庄市引入专业养老机构作为中坚力量，对现有社区设施进行适老化改造，并且及时提供信息化支撑等，探索家庭、社区、机构相协调，医养、康养相结合的养老服务模式。

截至 2023 年 6 月，全市已建成家庭养老床位 3500 张，2023 年计划新建家庭养老床位 1000 张，并给予每张床位 2000 元的一次性建设补贴和每月 200 元的运营补贴。① 根据《河北省养老服务体系建设"十四五"规划》，河北省将支持区域养老服务中心和社区日间照料机构有机融合，探索连锁化运营新模式，支持养老机构有效整合配套设施，完善社区养老服务，构建定位合理、责任清晰、功能完善、优势互补的社区居家养老服务网络。到 2025 年，基本形成"一刻钟"社区居家养老服务圈。②

综合来看，社区养老服务更多聚焦在如何提升老年生活的幸福指数上。基于马斯洛心理需求视角研究社区养老服务，有助于更清晰地了解老年人的实际需求，促进社区养老服务的发展。老年人社区养老的生理需求是饮食健康、环境适宜、睡眠舒适等；安全需求是老有所养、娱乐和医疗设施齐全方便；社交需求是家庭以外要有属于自己的社交圈，有情感沟通渠道，有老年活动组织，使其有归属感；尊重需求是老吾老以及人之老的包容和尊重，使老年人感觉到被重视和尊重；自我实现需求是老年人在退休后仍然可以发挥余热、培养兴趣，老有所为。

从我国传统观念上来看，老年人习惯在家中度过晚年，结合我国国情以及相关研究对比发现，发展社区养老服务是符合实际且现实可行的思路。老年人既能享受家庭的温暖，又可以得到各种社会资源尤其是医疗资源的支持和照顾，与机构养老服务相比，社区养老服务成本更低，因此，在国内发展社区养老服务优势明显。以马斯洛需求层次理论为指导，基于老年人心理需求角度探索社区养老服务问题，可以为社区养老服务模式发展提供全新的思路和建议。

---

① 《河北石家庄提升养老服务可及性、便利化 推进机构、社区和居家养老融合发展》，http://paper. people. cn/rmrb/html/2023-06/12/nw. D110000renmrb_20230612_2-11. htm。

② 《〈河北日报〉：聚焦群众关切 办好民生实事 省民政厅加快推进养老服务体系建设 倾情描绘老年人幸福晚年生活新愿景》，https://minzheng. hebei. gov. cn/detail? id=1040867。

二　社区养老服务存在的问题

（一）社区养老服务现实需求

作者通过对石家庄市社区养老服务发展现状及与老年人的实际需求对接状况的问卷调查及深入访谈发现，老年人需求呈现以下几个特点。

一是老年人对于社区健身设施、老年人活动场所、社交活动的组织安排较为关注，占到调查人群的85%（见图1）。随着年龄的增大，老年人对社区完善的医疗服务需求更为迫切。

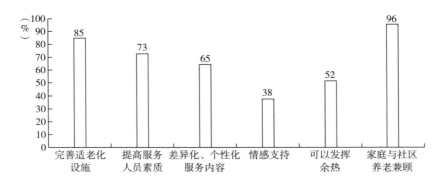

图1　社区养老服务需求

二是老年人更愿意把退休金花在必需的生活开支上，对养老服务方面的支出顾虑较多，更倾向于积攒后续可能需要的医疗、康复费用。

三是当下社区为老年人提供的多为保洁、理发、助餐等基础服务，与老年人的现实需求有一定差距，尤其缺少精神层面的关爱活动。老年人最期望在社区获得的服务中，排前三位的是精神慰藉、文化娱乐和医疗保健。由此可见，随着老年人生活水平提高，精神层面需求越来越高，这对社区养老服务内容提出了新的要求。马斯洛认为，人类需求像阶梯一样从低到高，按照生理需求、安全需求、社交需求、尊重需求和自我实现需求依次展开，某一层次的需求得到满足，或者至少是部分得到满足后，下一个层次的需求才会产生。缺失性需求是低级需求，是人类生存所必须满足的需求，它等同于内驱力，能驱使个体为满足需求而采取行动，一旦需求得到满足，它所具有的激励作用就随之消失。成长性需求不是人类生存所必须满足的需求，但是成长性需求能够促使个体的潜能得到最大程度的发挥，是高层次的需求。不同于缺失性需求，成长性需求的特点是需求越是得到满足，它的激励作用越大。这就启示我们不仅要关注老年人的身体机能及物质需要，还要重视老年人心理需求及养老认知的文化属性。

四是调查发现老年人心理需求中，社交需求（归属与爱的需求）最为强烈，其次是尊重需求，其后从强到弱，分别是安全需求、生理需求、自我实现需求。结合实地探访发现，年龄小、收入高、文化程度高的老年人有较高的自我实现需求，有 65% 的老年人有差异化、个性化服务内容的诉求（见图 1）。年龄越大老年人对归属感越看重。现代健康观念认为，除了生理状态良好外，积极的心态也是衡量健康与否的重要指标。因此，社区养老服务应同时关注老年人的生理健康与精神需求，让老年人生活得更加舒适。老年人的精神文化需求的满足是保证养老质量的关键。

随着石家庄市在社区养老服务方面的政策支持、资金扶持等措施的持续加力，其养老服务机构的数量也在不断攀升，对社区养老工作起到积极推动作用。但是，在快速发展中如何形成政府、养老机构、社区、老年人之间的合力，还需要更细致严谨的探索。

（二）社区养老服务存在的现实问题

随着各种信息渠道对社区养老服务的宣传，老年人对社区养老服务这种模式有了一定了解，但是老年人对社区养老服务的质量和内容存在顾虑。大多数老年人希望社区能完善适老化设施、提高养老服务人员素质，但目前社区养老服务与满足老年人寻求社交和自我价值延展的心理需求有一定差距，尚未做到助力老年人在退休以后找到归属感和社会意义。此外，社区养老服务在家庭养老和社区养老兼顾方面还没找到合适的接驳点，没有完全形成相互借力、相互支撑的双赢局面。作者通过问卷调查发现，当前有一半以上的老年人认可传统意义上的居家养老，但随着社会的发展，也有 1/3 的老年人开始尝试在自己熟悉的环境、熟悉的人群中进行社区养老。子女、配偶仍然是照顾老年人的主要力量，在以家庭为核心的养老观念下，充分利用好社区的人、财、物等有利资源，将短时的白天照顾、日常生活打理、卫生清扫、精神陪伴、心理疏导等服务融入老年人生活中，帮助家庭实现养老功能的同时，更好地对家庭养老进行有益的补充和完善，将是社区养老服务必然面对的现实问题。

三　社区养老服务问题成因

（一）政府资金投入有限

一般情况下，65 周岁以后老年人就不得不面对身体和心理两方面的适应任务：要么实现身心整合，接纳自我；要么不甘与抗拒，抱怨与失望。这一时期的老年人心理状态趋于不稳定，身体机能也开始衰退，体力下降，需要他人帮助才能完成的事逐渐增多，因此更加需要积极的心理引导。从现实来看，石家庄市社区养老发展并不均衡，一些社区缺少老年人的健身设备，更别说提供心理咨询等服务，满足其精神需求了。石家庄市社区养老服务的资金以各级财政资金为主，与社区养老服务发展所需的资金相差较多。政府一般充当兜底角色，提供的资金用以满足最基本的需要，如建设必要的养老设施，如果想要提升养老服务层次，还需要利好政策吸引更多社会力量加入社区养老服务中来。

（二）社区养老服务机构服务内容及质量待改善

1. 社区养老服务内容固化单一

从需求层次角度出发，老年人群体生理需求满足以后，会增加对安全、社交、尊重和自我实现的需求。因此，社区养老服务建设迫切需要与老年人身心两方面需求相吻合。退休老年人因为一下子离开工作岗位，容易失落，内心往往惶恐不安，其安全和社交需求最需重视。社区养老服务在满足老年人基本生理和物质需求的基础上，要充分考虑老年人的社交需求，并使其感受到被重视和尊重。

作者访谈发现，老年人对社区养老服务的需求涵盖社区医疗服务、家政服务、精神陪护、保健知识学习等各个方面。当然，对于失能老年人而言，生理需求是最基本的需求，但目前社区养老服务一般开展生活照料、家政服务、免费体检、健康讲座、老年联谊会等项目，很少有精神陪护、法律援助、失能护理等差异化、个性化的服务，缺乏以需求为服务导向的意识，服务内容与实际需求不匹配。社区没有深入调查、研判、梳理老年人的核心需求。比如，在疫情期间，社区书法、绘画、跳舞等活动场地不宜聚集，老年人对这些场地的使用需求下降，而心理开解需求增加，但社区却没有及时跟进，了解并及时提供相应服务，造成老年人需求与实际服务脱轨，从而降低了老年人对社区服务的需求。社区提供的养老服务多面向低龄、健康老人，以基础服务为主，对象单一。而且，部分服务费用与老年人预期不符，导致服务使用率低，造成资源浪费。① 政府推出的服务卡功能有待完善，无法灵活进行差异化适配选择，社区养老服务与老年人的实际需求还不匹配。

2. 服务人员素质良莠不齐

随着社会的发展，养老服务模式也慢慢从家庭养老转向家庭养老与社区养老并存，社区养老服务的发展对于提升养老服务质量有着重要作用。但是，当下社会及很多年轻人对社区养老服务工作的前景以及价值并未完全了解，对其存在偏见，不愿意从事这项工作，致使养老服务人员缺口较大。现有从业人员多为下岗再就业的中年妇女，她们普遍年龄偏大、学历低、缺乏专业的医疗和服务知识，而且流动性较大，只能提供基础照料服务。此外，虽然部分中高职院校开设了养老服务专业，但面对当下养老服务工作的社会舆论与工作薪酬、压力等现实挑战，很多学生毕业后并未选择对口工作，即便进入养老行业，也有相当一部分只是作为工作过渡，并不打算长期坚守。

---

① 邢雅琳：《多元型社区养老服务体系建构研究》，《黑龙江科学》2021年第10期。

（三）老年人对社区养老服务的认识需转变

1. 养老观念受传统思想影响较大

在我国传统文化中，大多数国人认为养老应该由子女来完成，这是子女应尽的责任和义务，"养儿防老"思想传承几千年，其改变并非易事，所以，很多老年人对社区养老的参与度不高。而且，社区养老工作本就处于探索阶段，各种基础设施及服务还不够完善，也没有根据老年人的实际需求推出差异化服务规划，这就导致老年群体对社区养老的参与积极性不高。

2. 老年人购买服务比较谨慎

受传统观念的影响，老年人比年轻人更懂得勤俭持家，也更乐于接受免费的服务，如果收费，老年人对其服务体验及质量会有更高的要求，如果不能达到物超所值，其参与意愿会大幅降低。此外，老年人对于不能亲力亲为的服务需求更旺盛，对于打扫卫生、家电检修的服务，如果收费就觉得没必要。而对于个性化、精神照料层面的需求，社区养老服务机构又不能有针对性满足，从而造成老年人对社区养老服务机构多抱以观望迟疑态度。

四 心理需求视角下的社区养老服务对策建议

结合国人的传统观念及当下国内经济发展的现实情况可知，社区养老是目前最符合我国国情和养老现状的养老政策之一，许多地区在研究和探索其具体的实践思路。作者认为，要发展壮大社区养老服务模式，必须处理好两个前提：一是政策层面要精准导引、量力发展、扎实推进、小步走稳，让老百姓对社区养老有一个了解体验、认可接纳的过程；二是要充分听取老年人的养老建议，梳理出老年人的实际生理和心理需要，整合政府、社会、社区、家庭等多方力量形成合力，本着经济层面可接受、服务层面人性化的原则构建社区养老服务体系（见图2）。

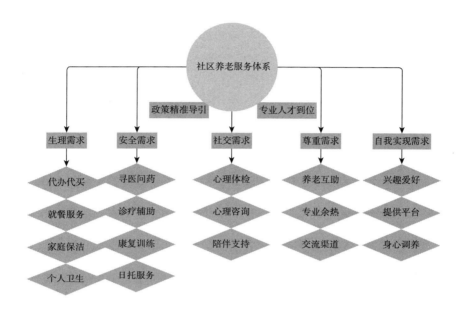

图2　社区养老服务体系结构

（一）充分发挥政府职能，养老政策精准导引

1. 整合多方资源，拓宽资金渠道

社区养老服务发展可持续化推进，少不了资金的整合投入，政府在社区养老服务发展中起主导作用，要根据社会当下养老现实需要适当增加专项财政资金投入。另外，在社会资源整合过程中，要通过政策倾斜、树立典型、提供优惠贷款等方式积极吸引社会机构、个人以及企业资金进入社区养老服务领域。在政府购买服务方面，要充分考虑老年人年龄、身体、心理、经济等方面的实际情况，创新探索不同层次的差异化服务，避免提供的服务与老年人实际需求不匹配，也要加大对政府兜底养老服务落实监督力度，确保专款专用。

2. 调研分析养老需求，精准配套服务政策

政府的服务者、引导者、管理者角色最重要的体现之一就是政策的制

定和完善。政府要结合老年人养老需求的调研结果，梳理不同的养老需求，进一步完善、细化政策，使政策具有可操作性。要加大政策普惠力度，将独居老人、失独老人、事实无人赡养老人纳入政府兜底服务范围，保障其基本养老需求。此外，对于老年人越来越迫切的精神照护和心理服务需求，政府要积极给予回应，根据本地发展情况，出台专项实施细则。民政、工商、卫生等相关部门要为老年人相关服务的提供打好制度基础。

（二）社区养老服务机构运营有序推进

1. 梳理养老需求层次，配套差异化服务设施

针对老年人生理方面的特殊性，尤其是患有疾病、生活行动不便的老年人，社区养老服务机构要在日常生活照料方面做精做细，满足这部分老年人的基本生活诉求。社区配备适量全科医生，有针对性地建设老年人使用的健身设施和锻炼场地，提供专业人员辅助老年人在社区进行康复训练。此外，在就餐服务方面，建立社区老年食堂，配餐绿色环保，价格公道合理，三餐准时卫生，并为老年人经常光顾的地方增加安全保护设施。个人卫生方面，对于有需要的老年人可以提供上门清洁护理服务，例如理发、洗澡、洗衣、打扫房间等。此外，社区养老服务机构也可承担起老人代买代办业务，在能力范围内尽力为老年人生活提供便利。

对于有安全需求的老年人，社区养老服务机构应充分考虑这部分老年人的特点：动作稳定性不足、反应速度变慢、骨骼脆性增加等。在道路崎岖、雨雪天气、照明不足时，要尽量避免摔跤、滑倒等意外情况的出现。[①]除了可以提供居家日常设施的适老化改造服务，也可以探索社区-家庭日托服务，即白天在社区养老服务机构活动生活，晚上由家人或子女接回住处。对于有慢性病的老年人，社区养老服务机构也可整合社区卫生服务站与专科医院相关资源，提供相应的日常护理和诊疗辅助服务。

对于刚退休或者有精力、有时间的老年人来说，社交方面的需求可能

---

① 潘燕：《心理需求视角下居家社区养老服务的优化策略研究》，《大众标准化》2021 年第16 期。

会更多一些，刚退休时老年人容易产生被冷落和被遗弃的感觉，时常会感到空虚、寂寞。社区应有针对性地走访关心，及时梳理出老年人的个性化服务诉求，积极引导其参与社区活动，体现其个人价值。例如，开设特长分享会或老年兴趣班等，引导老年人在社区释放自我，找到归属，提升生命质量。同时，也要重视老年人健身器材和活动场馆的运行和维护，在保证安全的前提下，使老年居民的身心都得到满足。另外，定期开设心理咨询门诊，及时为老年人排忧解难，减轻其心理压力，保证其心理健康。[1]社区养老服务机构可为每一位老年人建立心理健康档案，定期体检项目中详细记录每次心理监测状况，以便及时发现问题、解决问题，充分做好预防工作。针对独居老年人，可以根据需要提供心理辅导服务，通过陪伴与沟通产生心理共鸣，减少心理问题的发生，满足其归属与爱的需求。

满足老年人的尊重需求就是要增加其情感认同，帮助有意愿、有精力的老年人重拾自信。社区养老服务机构可以有目的、有计划地建立互助养老团体，形成志愿者队伍，进行专业化的培训，实现以老助老的良性循环。社区养老服务机构中老年人互帮互助，低龄老年人服务高龄老年人，身体健康老年人服务身体不适老年人。这样老年人在感受到自身价值的同时，还增加了对同伴的了解，感受到了被尊重。

老年人也要活得洒脱自在，努力追求精神层面的自我实现。社区养老服务机构要结合实际，尽量满足其自我发展诉求，在充分理解中帮助老年人合理调配时间发展兴趣爱好。社区养老服务机构也应承载起部分社区文化中心的功能，在图书阅读、书画切磋、身心调养等方面提供舞台和资源。

2. 夯实服务基础，提升养老服务从业人员素质

人们对养老服务质量要求越来越高，养老服务从业人员的专业化建设工作迫在眉睫，只有专业化的服务才能获得老年市场的认可。所以，社区养老服务机构，一方面要通过提升待遇、完善晋升机制等举措吸引养老护理人才留下来，并有计划地吸引医护、心理、法律等相关领域人才投身社

---

[1]　邢雅琳：《多元型社区养老服务体系建构研究》，《黑龙江科学》2021 年第 10 期。

区养老服务事业，打造稳定的人才队伍；另一方面要通过树立典型、技能培训、情感支持等手段改变从业人员和社会固有的传统落后观念，增强从业者信心，扩大社会共识。

（编辑：王亚坤）

Research on the Problems, Causes and Development Approaches of Community Elderly Care Service from the Perspective of Psychological Needs

CHEN Zhan[1], *YANG Fei*[2], *DONG Jianshan*[2], *LI Dan*[1]

（1. Shijiazhuang Lechuang Enterprise Management Consulting Co., Ltd., Shijiazhuang, Hebei 050000, China; 2. Shijiazhuang College of Culture and Media, Shijiazhuang, Hebei 050000, China）

Abstract: With China's gradual entry into an aging society, the quality of old-age care has become the focus of the whole society. Community elderly care service is not only the supply of material conditions, but more importantly to allow the elderly to get care and satisfaction from both physical and mental aspects. Understanding the problems existing in community elderly care service from the perspective of psychological needs helps extend the content of community elderly care service and improve the quality of service. There are such problems as an imbalance between supply and demand, serious homogenization of the services, low professional level, and outdated views. To solve these problems, this study explores approaches for the development of community elderly care service in addition to traditional family elderly care based on an examination of the practical causes of the problems and an integration of the government-society-community resources for elderly care. In terms of government functions, it is necessary to integrate various resources, expand funding channels, investigate and analyze the demand for old-age care, and make targeted service support policies. In terms of the operation of community elderly care service institutions, it is necessary to analyze the levels of elderly care needs, provide differentiated service facilities, consolidate the service foundation, and improve the quality of elderly care professionals.

Keywords：Community Elderly Care Service；Psychological Needs；Aging

县域0~3岁婴幼儿家长照护服务需求调查研究

——以石家庄市Y县为例

王云芳　　王艳杰

（元氏县职业技术教育中心，河北石家庄 051130）

摘　要： 在我国实施全面二孩和三孩生育政策的背景下，0~3岁婴幼儿照护服务问题受到社会各界的关注和重视。本文结合石家庄市Y县的区域特点等现实因素，采用问卷调查和访谈相结合的方式，对县域内0~3岁婴幼儿家长照护服务需求的现状进行调研和分析，描述婴幼儿家庭照护现状及照护服务需求等。运用SPSS软件对调研数据进行分析，分别从政府层面、照护机构层面、家庭层面，对石家庄市Y县家庭婴幼儿照护服务的现实困境及需求进行深入探讨。根据当前婴幼儿照护服务发展存在的问题，在准确把握Y县婴幼儿照护服务需求基础上提出适宜的对策和建议，为政策制定部门和照护服务机构提供参考。

关键词： 婴幼儿；照护服务；家长

作者简介： 王云芳，元氏县职业技术教育中心讲师，主要研究方向为学前教育学理论、幼儿心理和保教；王艳杰，元氏县职业技术教育中心讲师，主要研究方向为教育学基础理论。

一　问题的提出

党的十九大报告提出了"幼有所育"的新要求，婴幼儿照护服务得到了党和国家的高度重视。2019年5月，国务院办公厅印发的《关于促进3岁以下婴幼儿照护服务发展的指导意见》中明确提出：3岁以下婴幼儿照护服务是生命全周期服务管理的重要内容，事关婴幼儿健康成长，事关千家万户。[①] 党的二

---

① 《国务院办公厅关于促进3岁以下婴幼儿照护服务发展的指导意见》，https：//www.gov.cn/zhengce/content/2019-05/09/content_5389983.htm。

十大报告提出，要"优化人口发展战略，建立生育支持政策体系，降低生育、养育、教育成本"。① 河北省"十四五"规划提出发展普惠照护体系。2023 年 1 月，国家卫健委公示第一批全国婴幼儿照护服务示范城市拟命名名单，包括河北省石家庄市在内共 33 个城市。2023 年 2 月，石家庄市人民政府印发的民生实施方案包含托育机构示范创建工程。0~3 岁婴幼儿照护服务的积极发展，使家庭育儿压力得到有效缓解，对国家的生育支持政策体系构建也起到了推动作用，全面落实了"幼有所育"的要求。

国内外婴幼儿照护服务研究相对单薄，近几年才开始有学者关注和研究，在我国生育政策发生转变的社会大环境下，学者们逐渐将 0~3 岁婴幼儿照护服务作为一个独立的领域进行研究。目前，学者们多数是从宏观的理论层面研究婴幼儿照护服务的现状，继而提出婴幼儿照护服务体系构建对策。2020 年，朱珠等对婴幼儿家长的基本需求、品质需求、选择标准和家庭期望四个部分进行了调查和研究。② 高琛卓等采用选择实验法探究了城市家庭对婴幼儿照护服务的需求偏好。③ 2021 年，洪秀敏等基于对 2020~2035 年城乡 0~3 岁婴幼儿人口的估算，对"全面二孩"政策下托育服务资源需求规模进行了预测。④ 随着全面二孩以及三孩生育政策的实施，石家庄市 Y 县二孩甚至三孩家庭越来越多，在经济水平较为落后的现实背景下，婴幼儿家庭照护存在许多现实困境，照护机构服务的供给还不足以满足家庭的需求，供需矛盾突出。此外，生育配套支持措施及科学育儿服务的指导力度不足，家庭育儿压力较大。建议加快构建县域婴幼儿照护支持体系，精准把握家庭照护服务需求，增加普惠优质照护服务有效供给。

---

① 《习近平：高举中国特色社会主义伟大旗帜 为全面建设社会主义现代化国家而团结奋斗——在中国共产党第二十次全国代表大会上的报告》，https://www.gov.cn/xinwen/2022-10/25/content_5721685.htm。
② 朱珠、李秀敏、金春燕：《托育服务需求与政策沿革的城市对比研究》，《陕西学前师范学院学报》2020 年第 7 期。
③ 高琛卓、杨雪燕、井文：《城市父母对 0~3 岁婴幼儿托育服务的需求偏好——基于选择实验法的实证分析》，《人口研究》2020 年第 1 期。
④ 洪秀敏、陶鑫萌、李汉东：《"全面二孩"政策下托育服务资源需求规模预测——基于对 2020—2035 年城乡 0~3 岁婴幼儿人口的估算》，《学前教育研究》2021 年第 2 期。

二 研究设计

（一）研究对象

本文的研究对象是石家庄市 Y 县 0 ~ 3 岁婴幼儿的家长。本次调查主要采取线上网络问卷和线下纸质问卷相结合的方式，以随机抽样的方式发放问卷。线上和线下共发放问卷 420 份，回收问卷 416 份，问卷回收率为99%。有明显的非正常回答或整套问卷均为同一选项判定为无效，剩余有效问卷共计 406 份，问卷的有效回收率为 96.7%。随机抽取 5 名不同年龄阶段不同职业的婴幼儿家长进行访谈，深入了解婴幼儿照护的现状及需求。

（二）研究设计

1. 问卷设计

在充分阅读相关文献后，参考已有问卷编制了《0 ~ 3 岁婴幼儿家长照护服务需求调查问卷》预试问卷。随后进行预试，随机选取 20 名婴幼儿家长进行调查，对题项设计的合理性、调查时长进行初步判断，并在此基础上修改了问卷。作者征求了两位高校学前教育专业教师及两位县幼教科工作人员意见，进一步修改问卷，形成正式问卷。问卷内容包括两大部分，第一部分为婴幼儿及其家庭基本信息，主要包括：婴幼儿性别和年龄、父母及主要照护者的基本信息、家庭结构及收入状况等。第二部分为家长对照护服务的意愿及需求调查。问卷的主体部分为照护服务需求部分，涉及家长对照护服务的认知和态度、照护服务需求的形式及内容、照护服务需要与否及其原因和家长的入托意愿。

2. 访谈设计

调查依据研究的既定内容编制家长访谈提纲，从问卷调查对象中选取5 名不同家庭情况的家长采取一对一面谈的形式进行访谈，通过对不同年龄、学历、职业、收入水平及家庭结构的家长进行细致的访谈，深入了解石家庄市 Y 县家长的照护服务需求的内容和形式等。在对方知情并同意的情况下记录访谈内容。

（三）研究过程

调查的问卷收集时间为 2022 年 6 月至 8 月，历时两个月。问卷发放以线上为主、线下为辅，线上主要通过问卷平台制作电子问卷，后经社交网络发放，问卷中标明了填写的具体要求。线下问卷由课题组成员介绍问卷填写注意事项，由家长当场填写。要求 0~3 岁婴幼儿家长真实填写家庭基本信息与婴幼儿照护情况。问卷回收后运用 SPSS 26.0 统计分析软件分析调查数据，并随机抽取 5 名 0~3 岁婴幼儿家长进行访谈，每个访谈对象的访谈时间为 60 分钟。

三　研究结果与分析

（一）婴幼儿及其家庭基本信息情况

1. 婴幼儿基本信息

本次调查中 406 名婴幼儿的基本信息包括性别和年龄，如表 1 所示。

表 1　婴幼儿基本信息情况

变量	分组	样本数（个）	百分比（%）
性别	男	220	54.2
	女	186	45.8
年龄	0~1 岁	50	12.3
	1~2 岁	137	33.7
	2~3 岁	219	53.9

2. 家庭基本信息

本次调查的 406 个家庭的基本信息如表 2 所示，包括填表人与婴幼儿的关系、填表人年龄、填表人职业、填表人学历、家庭结构、孩子数量、家庭月收入等基本信息。

表 2　家庭基本信息情况

变量	分组	样本数（个）	百分比（%）
填表人与婴幼儿的关系	父亲	42	10.3
	母亲	348	85.7
	（外）祖父母	9	2.2
	其他	7	1.7
填表人年龄	25 岁及以下	19	4.7
	26~30 岁	130	32.0
	31~35 岁	177	43.6
	36~40 岁	63	15.5
	41~45 岁	7	1.7
	46~50 岁	0	0
	50 岁以上	10	2.5
填表人职业	公务员、企事业单位管理人员、经理、私营企业主	17	4.2
	农民、外来务工人员、无业人员	76	18.7
	教师、医生、工程师、律师等专业技术人员	64	15.8
	服务业人员、个体工商户、工人	91	22.4
	其他	158	38.9
填表人学历	初中及以下	103	25.4
	中专/高中	151	37.2
	大专	91	22.4
	本科	53	13.1
	研究生	8	2.0
家庭结构	核心家庭	217	53.4
	主干家庭	173	42.6
	隔代家庭	16	3.9
孩子数量	1 个	114	28.1
	2 个	239	58.9
	3 个及以上	53	13.1

变量	分组	样本数（个）	百分比（%）
家庭月收入	3000 元及以下	49	12.1
	3001~5000 元	132	32.5
	5001~8000 元	121	29.8
	8001~10000 元	64	15.8
	10001~20000 元	31	7.6
	20000 元以上	9	2.2

（二）婴幼儿照护现状

1. 照护者与照护时长

参与调查的 406 个家庭的主要照护方式是家庭内部式的照料。其中，婴幼儿母亲是主要的照护者，有 329 个家庭选择了母亲作为孩子的主要照护者，占全部调查家庭的 81.0%。其次是选择祖辈照护方式的家庭，有 68 个家庭，占总家庭数的 16.8%。选择由父亲和保姆或其他亲属照护的家庭较少，分别有 5 个和 4 个，占比分别为 1.2%和 1.0%，选择由专门的 0~3 岁婴幼儿照护机构照护的家庭数为 0（见表 3）。

表 3　婴幼儿主要照护者

变量	分组	样本数（个）	百分比（%）
主要照护者	父亲	5	1.2
	母亲	329	81.0
	祖辈	68	16.8
	保姆或其他亲属	4	1.0
	专门的 0~3 岁婴幼儿照护机构	0	0
	合计	406	100

如图 1 所示，父亲每日照护婴幼儿的时间在 5 小时及以上的家庭有 95 个，占比 23.5%，其余 76.5%的家庭父亲每日照护婴幼儿的时间在 5 小时以下。母亲每日照护婴幼儿的时间在 5 小时及以上的家庭有 349 个，占比

86.0%，其余 14.0%的母亲每日照护婴幼儿的时间在 5 小时以下。由此可知，母亲是家庭育儿的主力，父亲的照护时间较少。

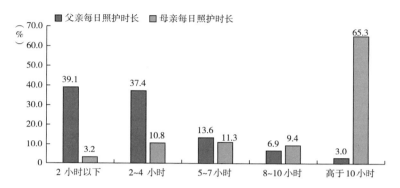

图 1　父母每日照护时长

2. 对祖辈照护婴幼儿的看法

如图 2 所示，认为（外）祖父母会宠溺孩子，对孩子性格形成和人格塑造有一定影响的人数最多，占总数的 55.7%。其次是认为（外）祖父母缺乏专业照护技能，但能满足照护孩子的基本需要的人，占总数的 50.7%。

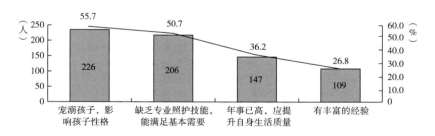

图 2　对祖辈照护婴幼儿的看法

3. 对母亲职业发展影响

在本次调查中，作为孩子母亲身份填答问卷的共有 348 人，在这 348 名母亲中，表明照护孩子对自己职业发展会产生极大影响的有 139 人，占全部被调查母亲总数的39.9%；认为照护孩子对自己职业发展有一定影响的有173人，占被调查母亲总数的49.7%；只有36人认为照护孩子对自己的工作并不会产生影响（见表4）。

表4 对母亲职业发展影响

变量	分组	样本数（个）	百分比（%）
照护孩子对自己的职业发展影响	有一定影响	173	49.7
	影响极大	139	39.9
	无影响	36	10.3
	合计	348	100

此外，在参与访谈的5名母亲中，有4名母亲在生育和职业发展发生冲突时选择回归家庭照护孩子，只有1人表示会优先选择事业，前者占比高达80%，后者仅占20%。由此可见，一旦事业和孩子之间产生冲突，绝大多数母亲还是会放弃事业，担负起照护婴幼儿的重任。

（三）婴幼儿家长照护意愿

1. 照护机构的需要情况

在调查中，认为非常需要设立专业的0~3岁婴幼儿照护机构的有91人，占22.4%；161人认为有需要，占总人数的39.7%（见表5）。由此可见，石家庄市Y县多数婴幼儿家长对专业照护机构的服务有很大需求。

表5 照护机构的需要情况

变量	分组	样本数（个）	百分比（%）
是否需要设立专业的0~3岁婴幼儿照护机构	非常需要	91	22.4
	需要	161	39.7
	没需要	51	12.6
	无所谓	103	25.3
	合计	406	100

2. 照护倾向

如表6所示，在填写调查问卷的406名家长中，有204名家长倾向于把婴幼儿送到照护机构，占比 50.2%；另外 202 名家长倾向于让家里老人照顾婴幼儿，占比 49.8%。由此可见，石家庄市 Y 县有一半多家长倾向于把孩子送到照护机构。

表 6　照护倾向

变量	分组	样本数（个）	百分比（%）
照护倾向	送到照护机构	204	50.2
	家里老人照顾	202	49.8
	合计	406	100

3. 照护月龄

如表 7 所示，59.9% 的家长认为孩子 25 个月及以上适合进入照护机构，婴幼儿月龄越小，占比越低。具体表现为孩子月龄偏大的家长更考虑照护服务，而孩子月龄较小时，出于对照护机构和孩子本身的不放心，家长更倾向于让家里的老人带养。访谈中有位母亲说："两岁之前更倾向于自己家人带，两岁以后可能考虑送到照护机构。因为两岁是一个年龄分界线，两岁之前孩子很多事情自己不会做，也怕送过去人家看不好，不放心。两岁以后自己会表达了，也能自己上厕所了，也需要有专业的人来引导了。"年龄是一个重要影响因素，2 岁以下婴幼儿缺乏自理能力，很少有父母把此年龄段的孩子送到照护机构。

表 7　家长愿意送孩子进入照护机构的月龄段

变量	分组	样本数（个）	百分比（%）
认为孩子适合进入照护机构的月龄	25 个月及以上	243	59.9
	19~24 个月	79	19.5
	13~18 个月	57	14.0
	7~12 个月	16	3.9
	6 个月及以内	11	2.7
	合计	406	100

4. 选择/不选择照护机构的原因

如表 8 所示，选择送孩子到照护机构的原因占比前两项分别是："培养婴幼儿的良好习惯，开发婴幼儿的智力"，占 69.7%；"方便工作和就业"，占 64.3%。选择不送孩子到照护机构的原因占比前两项分别是："担心孩子太小不能适应"，占 54.2%；"费用高"，占 52.7%。

表 8 选择/不选择照护机构的原因

变量	分组	样本数（个）	百分比（%）
送孩子去照护机构的原因	培养婴幼儿的良好习惯，开发婴幼儿的智力	283	69.7
	方便工作和就业	261	64.3
	让婴幼儿有同龄玩伴	207	51.0
	有专业的渠道获取教养知识	203	50.0
	家里无人照顾	183	45.1
	减轻老人负担，让老人有更多闲暇时间	149	36.7
	隔代教育不利于孩子成长	103	25.4
	对照护机构信得过且收费合理	74	18.2
不需要照护机构的原因	担心孩子太小不能适应	220	54.2
	费用高	214	52.7
	对当前照护机构不放心，有顾虑	178	43.8
	自己和家里老人有时间和精力照顾孩子	154	37.9
	距离远不方便	96	23.6
	其他	62	15.3

（四）照护机构现状

1. 周围有无照护机构

如表 9 所示，在填写调查问卷的 406 名家长中，有 199 名家长表示生活圈周围没有婴幼儿照护机构，占比 49.0%；有 113 名家长表示不了解，占比 27.8%；有 94 名家长表示生活圈周围有照护机构，占比 23.2%。通过访谈进一步了解，家长生活圈周围的照护机构主要是幼儿园所设的托班，招收 2.5 岁以上的幼儿。由此可见，Y 县照护机构配套严重不足。

表 9　周围有无照护机构

变量	分组	样本数（个）	百分比（%）
生活圈周围是否有 0~3 岁婴幼儿照护机构	有	94	23.2
	没有	199	49.0
	不了解	113	27.8
	合计	406	100

2. 照护机构存在的问题

在调查中，认为照护机构收费过高的家长占比最多，共有 316 人，占全部人数的 77.8%。有 214 名家长认为从业人员专业水平太低，占 52.7%；有 193 名家长认为照护机构太少，占比 47.5%（见表 10）。

表 10　照护机构存在的问题

变量	分组	样本数（个）	百分比（%）
照护机构存在的问题	专业机构收费过高	316	77.8
	从业人员专业水平太低	214	52.7
	照护机构太少	193	47.5
	不能满足照护的个性化需求	174	42.9
	距离太远，接送不方便	141	34.7

（五）婴幼儿家长照护需求

1. 选择照护机构的考虑因素

如表 11 所示，家长在选择照护机构时优先考虑的是费用合理（81.5%），其次是环境设施安全卫生（66.0%）和优质的师资（65.8%）。县域经济发展水平相对较低，费用合理的占比远高于其他选项，是家长选择机构时的主要关注点。

表11 选择照护机构的考虑因素

单位:%

选择照护机构的考虑因素	第一顺位	第二顺位	第三顺位	合计
费用合理	66.3	7.1	8.1	81.5
环境设施安全卫生	11.3	22.9	31.8	66.0
优质的师资	9.9	30.5	25.4	65.8
地理位置便利	6.4	28.6	7.4	42.4
保教内容	1.5	3.7	10.1	15.3
照护服务形式	1.5	2.5	9.6	13.6
品牌与口碑	1.2	2.7	4.4	8.3
机构性质	2.0	2.0	3.2	7.2

2. 照护服务的内容需求

家长对照护机构的需求方面，占比前三位的是：营养健康饮食（92.9%）、智力开发（84.2%）和身体锻炼（79.3%）（见表12）。

表12 照护服务的内容需求

变量	分组	样本数（个）	百分比（%）
希望照护机构提供的服务	营养健康饮食	377	92.9
	智力开发	342	84.2
	身体锻炼	322	79.3
	良好的睡眠环境	295	72.7
	集体游戏	283	69.7
	图书或玩具	257	63.3

3. 政府支持作用需求

在填表人中，超过半数的人认为政府应在三个方面发挥积极的作用，分别是制定照护服务的标准和规范（64.3%）、照护师资和保育员的培训与监督（61.8%）、对婴幼儿家庭给予经济支持（53.0%）（见表13）。

表 13　政府支持作用需求

变量	分组	样本数（个）	百分比（%）
政府在婴幼儿照护服务的哪些方面发挥作用	制定照护服务的标准和规范	261	64.3
	照护师资和保育员的培训与监督	251	61.8
	对婴幼儿家庭给予经济支持	215	53.0
	照护机构的登记和监管	200	49.3
	推进实施带薪育儿假	178	43.8
	宣传倡导科学育儿观念	176	43.3
	开办公办普惠性照护机构	166	40.9
	指导和深化医育有机结合	151	37.2
	对照护机构提供财政补贴	138	34.0

（六）相关分析

1. 孩子数量与照护机构服务需求的交叉分析

调查研究表明，多数家庭认为需要照护机构的服务，随着家庭中孩子数量的增加，认为需要照护机构服务的家庭增加。其中，有 3 个及以上孩子的家庭认为需要照护机构的比例是 49.1%，认为非常需要的占 22.6%，没需要和无所谓的只占 28.3%（见图 3）。

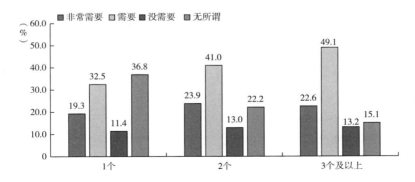

图 3　孩子数量与照护机构服务需求交叉分析

2. 家庭月收入与家庭月承受的相关分析

调查数据显示，家庭月收入在 8000 元及以下的家庭占家庭总数的 74.4%，月收入在 8000 元以上的家庭仅占 25.6%，收入水平相对较低。家长能接受的每月照护机构服务收费在 1000 元及以下的共有 320 人，占 78.8%；1001 元到 2000 元的有 75 人，占 18.5%；2000 元以上的仅有 11 人。通过 SPSS 软件进行相关性分析，得到两者皮尔逊相关性的值为 0.246**，由此可见，两者相关性显著（见表 14）。调查中发现，父母的月收入水平和父母可接受的照护机构收费水平成正比，Y 县家庭收入相对较低，可接受的照护机构的收费水平也较低。

表 14   家庭月收入与家庭月承受相关性分析

	孩子父母双方的 月收入水平	能接受的每月照护 机构服务收费水平
孩子父母双方 的月收入水平	1	0.246**
能接受的每月照护机构 服务收费水平	0.246**	1

注：** 表示在 0.01 级别（双尾），相关性显著。

3. 填表人职业与希望得到照护类型交叉分析

如图 4 所示，选择日间照护类型的家庭明显多于其他照护类型。选择全天照护的多数为农民、外来务工人员、无业人员。教师、医生、工程师、律师等专业技术人员工作时间稳定，选择临时照护就能满足其照护需求。公务员、企事业单位管理人员、经理、私营企业主等身处单位管理层，负责的事情较多，经常会加班，突发状况多，选择弹性照护较多。访谈中一位家长说："我们忙起来下班时间不固定，也许周末在家呢，单位一个电话我就要赶去处理事情，这时候最头疼的就是孩子怎么办，如果有专业的机构提供这种临时照护的话我会更放心。"由此可以看出，不同职业的家长对于照护服务模式的需求不同，急需发展个性化的、能满足不同人群需求的照护服务。

4. 婴幼儿月龄与照护机构性质的交叉分析

如图 5 所示，12 个月及以下的婴幼儿照护需求很低，家长普遍选择家

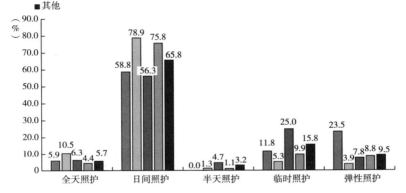

图 4 填表人职业与希望得到照护类型交叉分析

庭式照护机构，由父母或祖辈承担照护责任。59.9% 的家长倾向于把 25 个月及以上孩子送到专业的照护机构或托幼一体化机构。

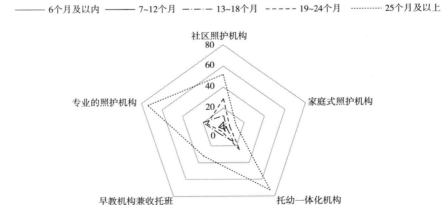

图 5 婴幼儿月龄与照护机构性质的交叉分析

四 讨论

（一）婴幼儿照护服务政府责任缺位

随着社会的不断发展，家庭在婴幼儿照护方面的压力越来越大，在全面实施二孩和三孩生育政策的社会大背景下，政府承担应尽之责，解决民生问题，已经成为普通大众以及社会各界的共识。目前，在婴幼儿照护服务方面政府依然存在责任缺位的问题，主要表现在：制度供给不足，保障婴幼儿权益的法律法规不完善，缺少明确方向和发展规划；财政投入不足，区域投入不均衡、城乡投入有差异，难以实现婴幼儿照护服务基本化、普惠化和公平化；监督管理不力，主管单位不明确，监管体系不完善，对从业人员的管理不到位。在调查中发现，婴幼儿家长普遍希望政府能制定照护服务的标准和规范，加强照护师资和保育员的培训与监督，并给予经济方面的支持。

（二）婴幼儿照护机构的现存问题

1. 婴幼儿照护机构供需不匹配

研究发现，石家庄市 Y 县家长对孩子的照护服务需求很强烈，47.5%的家长反映托育照护机构太少，62.1%的家长认为有必要设立照护服务机构。目前 Y 县专门提供照护服务的机构极其不足，只有个别幼儿园设立了托班，招收 3 岁以下的婴幼儿。问卷调查结果显示，49.0%的家长明确表示生活圈周围没有婴幼儿照护机构。在访谈过程中，进一步了解到 Y 县没有专门的照护机构，更多的是名义上的早教机构，开设一些亲子课程，而且费用高昂，只能满足极少数高收入群体的服务需求，不能满足中低收入家庭的照护需求。

2. 专业照护机构收费过高

调查中发现，77.8%的家长认为照护机构存在的首要问题是收费过高，有 81.5%的家长在选择照护机构时，首先考虑费用是否合理。Y 县家庭的收入相对较低，政策扶持力度不够，财政投入较少，种种原因使家长普遍关注费用问题。正如访谈中一位家长所说："照护机构收费太贵的话我们家长压力很大，现在养育孩子需要花钱的地方很多，一个月 1000 元左右我觉得是可以接受的，超过 1000 元就觉得有点贵了，不如选择让家里的老人带孩子。"

3. 从业人员专业水平不高

目前 Y 县只有少部分幼儿园所设的托班可以招收 3 岁以下婴幼儿，幼儿园教师教育教学的对象主要是 3~6 岁的幼儿，掌握的专业知识和实践技能也多运用于幼儿期，0~3 岁婴幼儿的照护知识和专业技能不足。近几年，部分高职学校开设了婴幼儿托育服务与管理专业，但是多数院校存在重教育轻保育、重理论轻实践的情况，且多数毕业生选择留在城市就业，回到县城的人才少之又少，人才需求得不到满足。

（三）婴幼儿家庭照护的现实困境

1. 家庭照护中父亲角色的缺失

0~3 岁婴幼儿的照护以家庭为主，在所调查的 406 个样本中，照护者身份主要是婴幼儿的父母，其中母亲有 348 人，占全部样本的 85.7%，父亲有 42 人，占全部样本的 10.3%。调查中发现，父亲每天的照护时长低于 5 小时的占比 76.5%，高于 7 小时的不足 10%。由此，我们可以推断出母亲和祖辈为婴幼儿的主要照护者，父亲承担的责任相对较少。众所周知，父母的共同陪伴对婴幼儿的健康成长和未来发展十分重要，但很多父亲在养育孩子方面做得不足。

2. 与祖辈在照料孩子方面的差异

Y 县部分家庭尤其是双职工家庭中婴幼儿的照护是由祖辈来承担的，对婴幼儿父母来说，他们希望能够全程参与婴幼儿的成长，但由于工作和育儿的冲突，不得不将孩子交由祖辈照料，祖辈照料婴幼儿会出现代际教育理念的差异，同时会导致老年人的生活质量下降。调查中有 54.9% 的家长表示，与祖辈在照料孩子方面的差异是目前育儿面临的主要困难。对于祖辈照护孩子的方式，有 55.7% 的家长认为老人比较宠溺孩子，对孩子性格形成和人格塑造有一定影响；50.7%的家长认为老人能满足照护孩子基本需要，但缺乏专业照护技能。访谈中一位母亲说："孩子主要是奶奶在照顾，但是老人觉得孩子吃饱穿暖就行，不会干涉孩子看电视玩游戏，认为小孩子嘛就是玩。我就不想让孩子过多接触电子产品，多看看书更好，诸如此类在孩子教育方面我们会产生很多分歧。"

3. 养育孩子的经济负担

通过调查发现，Y 县家庭月收入较低，74.4%的家庭月收入在 8000 元及以下，在照护婴幼儿的过程中家长会有较大的经济压力。44.8%的家长认为养育孩子的经济负担是家庭育儿的主要困难。调查中 39.9%的母亲认为照护孩子对职业发展影响极大，工作和家庭无法兼顾的母亲会选择放弃工作全职照顾婴幼儿，此举也会加重家庭的经济负担。

五　建议

（一）政府层面

1. 坚持政策引领，完善服务体系

首先，政府应加快推进照护服务立法，完善相关管理规范。2019 年，河北省人民政府办公厅出台了《关于促进 3 岁以下婴幼儿照护服务发展的实施意见》；2022 年，河北省卫健委研究制定了《河北省托育机构质量评价标准（2022 年版）》，在严格落实此标准的要求下，有 160 家照护服务机构成为试点，并成为具有模范作用的照护服务机构。Y 县可以借鉴试点机构的经验，结合本地实际情况，制定适合本县的照护服务标准。其次，制定不同等级的育儿补贴标准，有效缓解家庭照护者的经济负担。再次，以法律的形式明确男性的生育休假制度，为男性分担生育责任提供机会保证，缓解家庭照护压力。最后，将照护服务纳入学前教育的总体规划，积极探索托幼一体化的模式，鼓励公立幼儿园开设托班。Y 县政府应将照护服务所需经费纳入财政预算，根据照护机构类型和规模实行差异化补贴，给予优惠政策，降低照护机构的运营成本。

2. 坚持统筹协调，促进规范管理

尽快研制出台 0~3 岁婴幼儿照护服务机构的各项设置标准和具体的管理办法，对机构的场地、设施设备、人员配备、卫生保健等做出严格规定。婴幼儿照护服务机构的管理涉及卫健、教育等多个部门，管理难度非常大，需要各个部门相互协调共同进行监督和管理。要建立由教育、卫健、市场监管和财政等多个部门共同参与的综合监管机制，促使各部门之间统筹协调、齐抓共管，并完善动态的、长期的质量管理机制，定期对照护服务机构进行督导与评估，推动 Y 县的照护服务高水平高质量发展。

3. 加强人才培养，提升人员素质

加强照护师资队伍建设，研究制定照护服务的职业标准。着力加快推进照护从业人员培训体系建设，从人才培养、职业认证、岗位培训、考核奖惩等方面入手，尽快培养专业人才。从业人员均需持证上岗，专职教师须持有教师资格证书和育婴师资格证书，保育员等须持有保育员证书及其他相关职业任职资格证书。鼓励职业院校、高等院校开设婴幼儿照护服务与管理专业，培养育婴员、保健员等专业人才。Y 县政府应采取积极的政策，通过完善职业规划、设置良好的晋升通道、提高工资待遇、完善社会保障和增加工作补贴等多种方式，提高对人才的吸引力，降低教师队伍和保育人员的流动性，以满足快速增长的市场需求和高质量发展的要求。①

4. 坚持多元发展，鼓励社会力量参与

在当前的实际条件下，我国无法依靠政府举办照护服务机构来满足所有家庭的需求，应积极构建以政府为主导、社会组织力量广泛参与的照护服务体系。政府可以通过财政补贴、税收减免等多种方式，鼓励和支持有条件的企事业单位利用自有场地开办照护服务机构，为职工提供福利性的照护服务。将照护服务纳入社区服务体系，积极吸纳社会团体组织或专业机构入驻社区，开展全日托、半日托、计时托、临时托等质量有保障、价格合理、方便可及的照护服务，逐步完善农村婴幼儿照护服务，推进优质

① 梁永成：《城镇 0~3 岁托幼事业发展与政策建议——以江西省为例》，《黑龙江社会科学》2019 年第 3 期。

健康的照护服务向农村社区延伸。①

（二）机构层面

1. 整合教育资源，积极转型升级

公立幼儿园和普惠性民办幼儿园积极整合教育资源，拓展 0~3 岁婴幼儿照护服务，对于幼儿园来说，将 0~3 岁婴幼儿照护纳入经营体系，一方面形成了新的利润增长点，另一方面也顺利实现了与 3~6 岁学前教育的无缝衔接。

2. 坚持普惠优先，兼顾便利供给

关注处境不利的 0~3 岁婴幼儿家庭的抚养环境。结合 Y 县家庭的收入水平制定照护服务机构的收费标准，对机构收费进行合理规划和严格控制。鼓励照护服务机构利用现有资源，探索多种形式的服务模式，除常规的早送晚接的日间照护服务外，还可以根据不同家庭的差异化、个性化需求，提供半日照护、临时照护和假期照护等服务。根据不同类型的照护服务制定不同级别的收费标准，确保县域照护服务的普惠性和公益性。

3. 加强环境建设，彰显育人效应

照护服务机构为婴幼儿的发展提供安全、舒适、合理的活动场地、设备设施以及活动材料，既是婴幼儿照护服务模式中的具体体现，也是促进婴幼儿全面发展的有效支撑，彰显了对婴幼儿的育人效应。0~3 岁是成长的关键阶段，感觉是此阶段婴幼儿获取外界知识的重要途径，他们更容易接受直观、具体、形象的事物，婴幼儿接触什么样的环境，触摸什么样的设施，就会对这个世界产生相应的认知。② 因此，应根据 0~3 岁婴幼儿实际情况，建设婴幼儿照护服务环境。

（三）家庭层面

1. 优化家庭照护，强化父亲职责

父母是婴幼儿的启蒙老师，应该多与孩子进行亲子互动，保障孩子身

---

① 任杰：《山西省构建婴幼儿托育服务体系的思考与建议》，《吕梁学院学报》2020 年第 3 期。
② 陈念念：《全面二孩背景下 0~3 岁婴幼儿托育服务家长需求调查——以石家庄市为例》，硕士学位论文，河北师范大学，2020。

心健康发展。在照顾婴幼儿时要遵循"两性平等"的观念与方式，合理协调工作、养育时间，由父母双方共同来养育。应该充分发挥家庭中父亲的作用，强调父亲的责任，使其适当分担育后女性在育儿过程中的压力。这不仅有助于家庭和睦，也有助于育后女性更早地回归职场，进而减少育后女性在职场中可能遇到的歧视。①

2. 树立正确观念，坚持科学照护

家长应该与时俱进，通过社区、网络等途径了解婴幼儿早期教育的重要性，积极参加育儿培训活动，正确认识照护服务机构的服务模式，更好地理解和支持照护工作，实现家庭与照护服务机构相互配合。家长应树立正确的育儿观念，学习科学的育儿方法，对婴幼儿早期教育起到正向的促进作用，推动社会照护服务积极发展。

（编辑：王艳芝）

Investigation and Research on the Demand Care Service for Parents of Infants Aged 0−3 at the County Level—Take Y County of Shijiazhuang City as an Example

WANG Yunfang，*WANG Yanjie*

（Yuanshi County Vocational and Technical Education Center，Shijiazhuang，Hebei 051130，China）

Abstract：In the context of implementing the universal two-child policy and the policy of encouraging the third child in China，the issue of care service

---

① 展召敏：《婴幼儿照护需求的影响因素研究——基于社会支持视角》，硕士学位论文，辽宁大学，2021。

for infants aged 0−3 has become a concern for all sectors of society. Based on the regional characteristics of Y County of Shijiazhuang City and other practical factors, this paper investigates and analyzes the present situation of the care service demand of parents of infants aged 0−3 years in the county through questionnaire survey and interviews, and describes the present situation of these infants' home care and care service demand. Analyzing the survey data with SPSS, this paper makes an in-depth discussion on the practical difficulties and needs of family infant care services in Y County, Shijiazhuang City from the government level, care institution level, and family level. To address the current problems in the development of infant and child care services, this paper puts forward corresponding suggestions based on the demand for infant care services in Y County to provide a reference for policy-making departments and care service institutions.

Keywords: Infants; Care Service; Parents

公立幼儿园婴幼儿照护支持与托育压力研究

——基于河北省市、县、乡三域公立幼儿园的调研数据[*]

郑玉香　何艺璇　赵金瑞

（河北师范大学家政学院，河北石家庄 050024）

摘　要： 托幼一体化背景下，公立幼儿园提供托育服务对托育体系建设意义重大，本文通过调查河北省公立幼儿园婴幼儿照护支持与托育压力发现，当前公立园的托育开办情况并不乐观，仅有部分市、县级公立园开设托班，且以2~3岁婴幼儿为主要照护对象。河北省公立幼儿园婴幼儿照护普遍面临较大托育压力，以学位数不足引发的供需冲突为首要矛盾，公立幼儿园托育服务三方合力不足是有待解决的现实阻碍，物质、人力、资金等资源配置存在明显的城乡差距。建议发挥政府经济职能，均衡资金配备供给；国家政策保驾护航，加大师资培养力度；发挥引领辐射作用，着力关注弱势园所。

关键词： 公立幼儿园；婴幼儿；托育服务；照护支持

作者简介： 郑玉香，河北师范大学家政学院副教授，主要研究方向为学前教育；何艺璇，河北师范大学学前教育学专业2021级硕士研究生，主要研究方向为学前教育、托育课程理念与实践；赵金瑞，河北师范大学学前教育学专业2021级硕士研究生，主要研究方向为学前教育、课程评价。

一　问题的提出

第七次全国人口普查结果显示，我国人口发展面临总和生育率下降、

---

*　2021~2022 年度河北省大学生"调研河北"社会调查活动省级立项项目"公立幼儿园婴幼儿照顾支持与托育压力研究"（课题序号为 1792）。

出生人口数量走低、育龄人群生育意愿下降等问题。① 在现代市场经济体系中，除经济问题外，"没人看""没时间看""怎样看"是影响家庭生育意愿的重要因素，当前家庭普遍为双薪型家庭，且以核心家庭为主，家庭时间资源和人力资源的双重短缺问题凸显，家庭照料婴幼儿的功能逐渐弱化，在这种时代背景下，托育应运而生。国务院和政府部门高度重视婴幼儿托育服务，婴幼儿托育服务已逐渐融入国家战略层面。② 2010 年以来，《教育部办公厅关于开展 0~3 岁婴幼儿早期教育试点工作有关事项的通知》《国务院办公厅关于促进 3 岁以下婴幼儿照护服务发展的指导意见》《托育机构管理规范（试行）》等一系列纲领性文件相继出台，给出婴幼儿托育服务的指导思想，逐步将公共托育服务发展问题纳入顶层设计，婴幼儿早期照护再次成为重要的公共议题。③

得益于我国 3~6 岁学前教育阶段相关政策的颁布与落实，3~6 岁的学龄前儿童教育体系逐渐完善，公办园和民办园都呈蓬勃发展的趋势。0~3岁婴幼儿托育服务体系却尚未完善，近年频繁成为社会热点话题，暴露出供给与需求长期失衡的问题④，具体体现在数量、结构与质量三方面的"不匹配"上⑤。我国的托育服务已经进入需要进行政策调整的重要时段，托幼一体化发展是突破困境、托幼互惠共生的有力举措。⑥ 为响应国家政策，缓解托育服务供应短缺问题，各地应充分利用幼儿园优质资源，鼓励有条件的幼儿园提供 0~3 岁婴幼儿托育服务。⑦ 目前，托育服务多由托育

① 杨希、张丽敏：《"三孩"政策背景下托育质量的困境与出路——基于 CLASS Toddler 的实证研究》，《广州大学学报》（社会科学版）2021 年第 6 期。
② 秦旭芳、宁洋洋：《21 世纪我国托育服务政策的能力限度与突破》，《教育发展研究》2020 年第 12 期。
③ 但菲、矫佳凝：《"二孩政策"实施背景下家长对托育服务品质的需求》，《学前教育研究》2020 年第 12 期。
④ 陈凤、闫佳怡、王楠、冯萌：《幼儿园托班家园合作的支持策略研究》，《教育观察》2021年第 48 期。
⑤ 陈念念：《全面二孩背景下 0—3 岁婴幼儿托育服务家长需求调查——以石家庄市为例》，硕士学位论文，河北师范大学，2020。
⑥ 虞永平：《托幼一体化的政策导向与课程理念》，《学前课程研究》2008 年第 6 期。
⑦ 陈凤、闫佳怡、王楠、冯萌：《幼儿园托班家园合作的支持策略研究》，《教育观察》2021年第 48 期。

机构与早教中心提供，公办幼儿园提供托育服务的情况并不普遍，但公立幼儿园对婴幼儿的照护在人力、资金、环境等方面有着得天独厚的优越条件。本文意在借鉴国外与国内发达城市先进经验，立足实际，聚焦河北省公立幼儿园，对婴幼儿照护支持现状及其养育压力进行分析。

二　历史回顾与文献综述

（一）托育服务的发展脉络

我国托育服务的历史发展脉络简明清晰，经历了几次衰退和发展。普遍认为，我国托育服务体系的建设与国家的社会背景和政策支持密切相关。政策的变动影响人民的收入水平和新生儿的数量，进而使得人们对托育服务的需求发生变化，同时，需求影响托育服务的供给。总体来看，新中国成立至今，可将我国托育服务的发展划分为三个阶段：改革开放至20世纪80年代末、20世纪90年代至2010年前、2010年至今。总体呈现"国家重视—开始恢复振兴，托儿所萎缩—照顾责任回归家庭，公益普惠性领航—推动早期教育发展"的特点。[1]

（二）托幼一体化的相关研究

由于历史原因，我国儿童早期教育目前处于托幼分离状态，即0~6岁儿童早期教育领域存在二元割裂的现象。[2] 相关文件中就早期保教及托幼一体化提出了支持与政策设想。关于托幼一体化的研究，当前主要集中在内涵辨析、价值判断以及国际经验借鉴等三方面。研究者均认可"托幼一体化"意味着教育视线的延长与视域的扩展[3]，即在打破0~3岁与3~6岁

---

① 刘天子、刘昊：《我国婴幼儿托育服务政策变迁的脉络、特征与趋势》，《教育学术月刊》2023年第6期。

② 周宇鑫、王德强：《协同育人视域下家校（园）社托幼一体化的原则与路径》，《家政学研究》2023年第1期。

③ 刘国艳、詹雯琪、马思思、范雨婷：《儿童早期教育"托幼一体化"的国际向度及本土镜鉴》，《学前教育研究》2022年第4期。

教育之间的割裂状态的同时，实现统筹管理、资金配备、课程建设、师资培养、评价督导等方面的一体化。托幼一体化的终极目标与价值取向便是提升保教质量，实现 0~6 岁幼儿各年龄段之间的教育衔接，兼顾教育资源的高效利用。① 与此同时，实现"幼有所托"以刺激生育率。托幼一体化的学前教育模式，在北欧的瑞典、芬兰、丹麦等工业化发达国家率先得到发展，这些国家给予了早期教育事业高度重视和大量支持。经济合作与发展组织（OECD）成员国发起的"强势开端"计划，关注"早期教育与保育"中的托幼一体化。② 日本颁布相关法律为"幼保一体"提供政策保障；英国、美国也将相关机构的管理与监督权统一于教育部门之下。

（三）公立托育服务的相关研究

国内关于托育需求现状的调查分布范围较广，调查对象涉及多方主体，包括托育市场、托育机构质量、托班课程、托班教师在职培训、托幼服务供需现状以及 0~3 岁婴幼儿家长需求等方面。相关调查显示，76.8%的家长期望孩子能进入"公办"托育机构③，家庭首选的是公办幼儿园的托班，其次是民办幼儿园的托班，最后才是托育机构④。家长偏好公立托育机构⑤，期待多样化的托育形式以及较长的入托时长⑥。杨菊华对我国托育服务的供需情况进行研究，指出 3 岁以下的婴幼儿托育由民办托育机构和家庭承担主要责任，大众的需求多样化，处于供不应求状态，人

---

① 海颖、高金岭：《低生育率下我国学前教育托幼一体化供给潜力预测——基于 2023—2035 年人口趋势的研究》，《教育与经济》2023 年第 3 期。

② 胡昕雨、张东月、王元：《OECD 国家"托幼一体化"相关举措及其启示》，《教育观察》2020 年第 48 期。

③ 《我国婴幼儿托育服务体系研究——聚焦我国婴幼儿"入托难"问题》，http://www.qg-icfed.org.cn/h-nd-314.html。

④ 薛琪薪、吴瑞君：《上海市 0~3 岁婴幼儿托育服务供给现状与社会政策研究》，《上海城市管理》2019 年第 3 期。

⑤ 陆文静：《上海市松江区公共托育服务政府供给问题的研究》，硕士学位论文，华东政法大学，2018。

⑥ 韦素梅：《上海市托育供需现状调查及对早教中心职能的再思考——基于对两个区的实证调研》，硕士学位论文，华东师范大学，2018。

们最期待的公办托育机构数量远低于人们的预期。① 托育服务需求大、对托育机构信任度低、托幼机构数量不足是我国城镇地区托育服务面临的主要问题。② 托育机构存在规模化发展程度较低、服务质量标准不统一等问题。③

三 研究方法

（一）研究对象

本文以河北省公立幼儿园的管理人员、主班教师、配班教师、保育教师以及其他相关工作者为调查对象，采用文献分析法、问卷调查法与访谈法，对公立幼儿园 0~3 岁婴幼儿照护支持与托育压力现状进行分析。

（二）研究方法与工具

1. 文献分析法

有关托育服务的研究呈逐年增加趋势，逐渐成为热点话题，选择"高级检索"，通过输入"托育""托育服务""托育机构""婴幼儿照护"等关键词在中国知网（CNKI）和维普中文期刊服务平台检索，共检索出 312 条相关词条，筛选出 43 篇相关文献。

2. 问卷调查法

本文以《国家卫生健康委关于印发托育机构设置标准（试行）和托育机构管理规范（试行）的通知》《国务院办公厅关于促进 3 岁以下婴幼儿照护服务发展的指导意见》等相关文件为基础，编制《公立幼儿园婴幼儿照护支持与托育压力调查问卷》，作为本文研究的数据依托。

面向河北省公立幼儿园相关工作者，通过问卷星平台发放《公立幼儿

---

① 《［福建日报］杨菊华：三岁以下托育服务的现状与对策》，http：//nads. ruc. edu. cn/ xzgd/1a7f2e199f684adaa4bd00ce326dc823. htm。

② 黄快生：《我国 0~3 岁城镇托幼服务事业发展提升与规范运行研究》，《湖南社会科学》2019 年第 3 期。

③ 李佳佳：《填补托育服务行业食品安全标准空白》，《深圳商报》2022 年 5 月 9 日。

园婴幼儿照护支持与托育压力调查问卷》，回收有效问卷 468 份。问卷整体包括两部分：第一部分为调研对象基本信息，包括身份职位、工作时间、年龄、文化程度、专业背景、幼儿园所处地域及是否有生育经历 7 个问题；第二部分为公立幼儿园照护支持与托育压力现状研究，包括四个维度（见表1）。

表1　问卷设置情况

单位：个

一级指标	二级指标	题目数量	总题目数量
总体现状	生源稳定性	1	5
	托育服务开展情况	1	
	家长需求	1	
	政策了解程度	1	
	开展托育服务的条件具备程度	1	
人力资源	人员资质	3	11
	人员观念	6	
	人员规模	2	
物质环境	幼儿园所处地理位置	2	5
	幼儿园内部环境	3	
发展方向	接纳年龄段	1	4
	接纳时长	1	
	收费区间	1	
	建议	1	

3. 访谈法

为了更加深入全面地了解公立幼儿园婴幼儿照护支持与托育压力现状，通过分析问卷数据，编制《公立幼儿园婴幼儿照护支持与托育压力研究访谈提纲》，对河北省部分市区、县城、乡镇公立幼儿园 8 位园长进行了半结构化的访谈调查。访谈内容主要围绕园所开设托班实际情况、公立园已有资源对于开设托育服务提供的便利条件、公立园开设托育服务面临的障碍与困境及相关建议等四方面展开。访谈对象基本信息见表2。

表 2　访谈对象基本信息

受访者	职务	幼儿园所在地域	访谈时长（分钟）
S-1	园长	市区	33
S-2	园长	市区	25
S-3	园长	市区	37
X-1	园长	县城	20
X-2	园长	县城	36
Z-1	园长	乡镇	20
Z-2	园长	乡镇	25
Z-3	园长	乡镇	31

四　研究结果

（一）基本信息的统计与分析

本次调研对象涉及公立幼儿园的管理人员、主班教师、配班教师、保育教师及其他相关工作者（见图 1），占比分别为 32.69%、33.33%、13.46%、2.56%、17.95%，调研的主要参与对象为公立幼儿园的管理人员与主班教师，在一定程度上保证了数据的真实性。无论是从从事幼儿园工作的时间（见图 2）来看，还是从调研对象的年龄（见图 3）来看，本次调研均具备一定普及性与代表性。统计发现，高达 97.44% 的调研对象的学历为大专及以上（见图 4）；学前教育专业占比 58.33%，其他教育类专业占比 17.95%，心理学相关专业占比为 1.28%，艺术类专业占比 5.13%，保育类专业占比 0.64%，语言类专业占比 10.90%，其他专业占比 5.77%（见图 5）。调研对象所在幼儿园地处市区、县城、乡镇农村的比例分别为 28.85%、44.87%、26.28%（见图 6）。

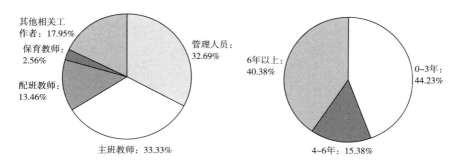

图1　调研对象的身份　　　　图2　调研对象从事幼儿园工作的时间

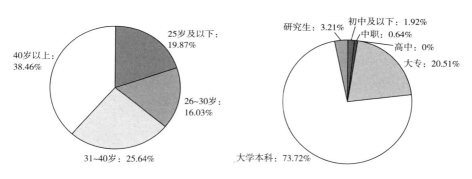

图3　调研对象的年龄　　　　图4　公立幼儿园教师最高文化程度

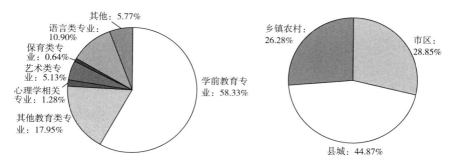

图5　公立幼儿园教师专业背景　　图6　调研对象幼儿园所处地域

（二）总体现状分析

1. 公立幼儿园生源整体较为稳定，托育服务处于萌芽阶段

调查显示，尽管高达81.41%的公立幼儿园生源比较稳定和非常稳定（见图7），但公立幼儿园托育服务的开展处于萌芽阶段，已经开展的占比26.92%，尚未开展托育服务的公立幼儿园占比73.08%，其中，13.46%的公立幼儿园计划开展（见图8）。此外，通过访谈得知，少部分公立幼儿园完全具备开展0~3岁婴幼儿托育服务的条件。

园长 S-1："从全市范围来看，开设托育服务的公立幼儿园真的不多。我们只在两个分园开设了托班服务，总园还没有开设，要想在总园开设0~3岁婴幼儿托育服务，还有一部分障碍要克服。我们首先是在卫健委进行备案，考虑到实际情况，仅仅招收2~3岁的孩子，暂时没有向下延伸，开设了全日制和半日制两种班型，便于家长根据自己的需求自行选择。"

园长 Z-3："现在农村基本上没有开展托育服务。"

园长 X-1："我们这里没有开设托班服务，但在线上为家长开展了婴幼儿教养指导活动。"

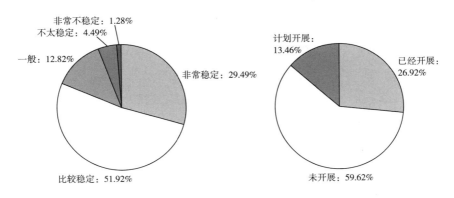

图7　公立幼儿园生源稳定性　　图8　公立幼儿园托育服务开展情况

2. 公立幼儿园基本具备托育条件，政策学习活动组织薄弱

自《国家卫生健康委关于印发托育机构设置标准（试行）和托育机构

管理规范（试行）的通知》《国务院办公厅关于促进 3 岁以下婴幼儿照护服务发展的指导意见》等一系列文件发布以来，国务院和各政府部门高度重视婴幼儿托育服务。河北省亦在《河北省中长期青年发展规划（2018—2025 年）》中指出，要按照河北省经济社会发展的总体目标和要求，结合青年发展实际，制定发展计划，这引起了婴幼儿相关工作者的广泛关注。72.44% 的调研对象认可自己所在的公立幼儿园具备一定的托育服务开展条件（见图 9），但托育政策的组织学习活动仍旧比较薄弱，仅有 32.05% 的幼儿园进行了了解学习，23.08% 的幼儿园计划组织学习，44.87% 的公立幼儿园完全没有安排相应的学习活动（见图 10）。

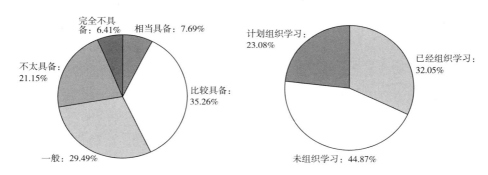

图 9　开展托育服务的程度　　　　图 10　幼儿园相关托育政策的组织学习活动

3. 婴幼儿家长托育需求难以满足，需求程度存在地域差异

公立幼儿园开展托育服务，直接受益者便是婴幼儿个体，同时有利于解放婴幼儿的父母，同样，父母的照护需求也影响着托育服务的开展与进步。调查显示，32.05% 的家长认为公立幼儿园开设托育服务非常有必要，21.15% 的家长认为比较有必要，32.69% 的家长持"一般"态度，14.10% 的家长持消极态度，即认为不太有必要或非常没有必要（见图 11）。通过访谈得知，市区、县城、乡镇的家长需求程度不一，明显存在地域差异。

园长 S-2："现在青年父母的生活压力和教养压力都比较大，他们是非常需要专门的托幼机构来帮助他们照顾孩子的，而且越来越注重科学的教养方式。但是，目前来说，我们确实满足不了。"

园长 X-1："我们这边是县级市，家长们的需求还是比较大的，现在好多就是把孩子送到了私立的早教机构或者私立园。尽管是这样，我们还是遇到过这样的情况，就是有家长询问我们的老师们是不是也可以开设托育机构。"

园长 Z-1："等孩子稍微大一点，农村的家长就想出去工作了，我们这没有托育服务，所以他们往往是把孩子交付给老人照顾。现在的家长都比较年轻，还是挺重视孩子的教育的。不过，尽管是这样，农村还是有好多人不重视托育，他们还是旧的观念，认为只要孩子吃饱穿暖就好了。"

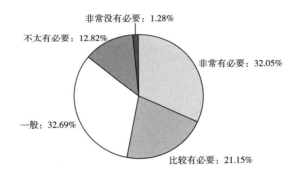

图 11　公立幼儿园所在地域家长如何看待开展托育服务的必要性

（三）人力资源现状分析

本次调查从公立幼儿园相关工作人员的观念、资质、规模三个方面入手分析人力资源现状。

1. 观念意识深刻，公立幼儿园开设托育服务必要且可行

大部分调查对象认为公立幼儿园开设托育服务是必要的，且具备一定可行性，过半数人认为托育机构应当以公办为主、民办为辅（见图12）。整体来看，68.59%的调查对象认为幼儿园开设托育服务是很有必要的，30.77%的调查对象认为公立幼儿园开设托育服务是非常有必要的，37.82%的调查对象认为比较有必要，22.44%的调查对象持"一般"态度，仅有8.97%的调查对象认为公立幼儿园开设托育服务不太有必要或非常没有必要（见图13）。大多数人认为公立幼儿园开设托育服务是可行的，

21.79%的调查对象认为公立幼儿园开设托育服务非常可行，42.31%的调查对象认为比较可行，21.79%的调查对象认为一般可行，14.10%的调查对象认为不太可行（见图14）。

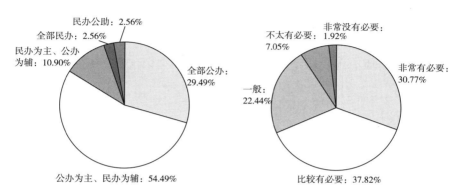

图12 托育机构的举办方　　**图13 公立幼儿园开展托育服务的必要性认识**

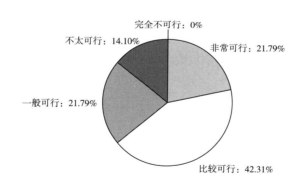

图14 公立幼儿园开展托育服务的可行性认识

2. 基本具备资质，仍需组织相关工作人员学习专门技能

公立幼儿园的教师多具备普通话二级乙等（及以上）证书（384人，占比82.05%），部分教师拥有中小学段教师资格证书（252人，占比53.85%）和幼儿园教师资格证书（282人，占比60.26%），但仅有57人（占比12.18%）具备育婴师证书，39人（占比8.33%）具备心理咨询师证书，24人（占比5.13%）具备营养师资格证书（见图15）。除了基本的

资质证书，就"对0~3岁早教课程的了解程度"而言，4.49%的调查对象认为非常了解，32.69%的调查对象认为比较了解，45.51%的调查对象认为一般，13.46%的调查对象认为不太了解，3.85%的调查对象认为非常不了解（见图16）。就"具备照护0~3岁婴幼儿的经验与能力"而言，5.77%的调查对象认为自己非常具备，36.54%的调查对象认为比较具备，39.10%的调查对象认为一般具备，14.74%的调查对象认为比较不具备，3.85%的调查对象认为完全不具备（见图17）。

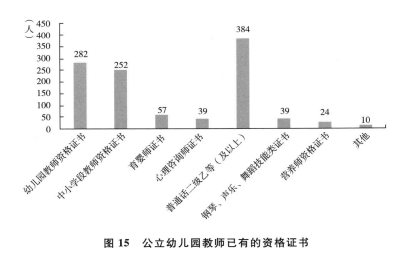

图15 公立幼儿园教师已有的资格证书

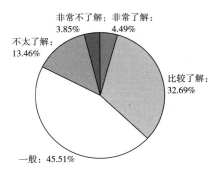

**图16 公立幼儿园教师对0~3岁
早教课程的了解程度**

**图17 公立幼儿园教师对自己照顾0~3岁
婴幼儿的经验与能力的认识**

园长S-3："教师们还需要学习一些保育知识，保教结合，还是保育在前，教育在后，需要跟当地的妇幼保健机构、儿保科等学习保育知识。"

园长S-2："师资容易培养。托班就是幼儿园往下延伸，两者有相通之处。与其他没有接触过幼教的老师相比，幼儿园老师更容易成为托班教师，也更容易成为合格的育婴员。"

3. 储备人力充足，乡镇公立幼儿园人员稳定性有待提升

学前教育专业师范生培养规模较大，幼儿园储备教师充足，但是幼儿园教师的稳定性较差、易于流动，部分教师难以长久地在同一所幼儿园中工作，尤其是在县级、乡镇幼儿园中，这个问题尤为显著。调查显示，291所（占比62.18%）公立园兼具保教人员、保安人员与保健人员，符合开办托育服务的要求（见图18）。

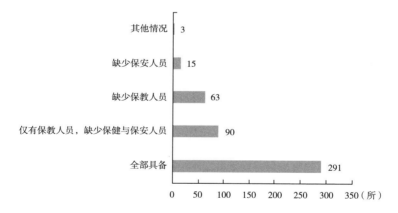

图18 公立幼儿园的保教人员、保安人员、保健人员的配备情况

园长X-1："主要是人员问题，就我们幼儿园而言，教师们的年龄结构都比较大，平均年龄在45岁以上。尽管是现在，我们也只是有半数45岁以下的教师。另外，老师不够用，今年我们超过20人的班级也才刚刚配备足两位教师，我们乡镇有4所幼儿园，只有一所幼儿园可以达到这种标准，园长是独立管理的，不用带班。所以对于我们来讲，进行托育服务，教师是不够用的。"

园长X-2："教师数量少且不稳定。我们这里没有公办带编教师，都是代课教师，工资比较低。一部分教师能力不够，缺乏相应的理论知识，

同样缺乏开发托班课程体系的能力，如果开设托班，是必须进行培训的。但是也有一部分教师有育婴师证，但是他们考了不用。"

（四）物质环境资源现状分析

1. 公立幼儿园所处地域位置相对优越

调研结果显示，公立幼儿园所处地域位置普遍比较优越，即附近居民相对聚集（见图19），交通较为便利（见图20），在方便教育教学活动的有效开展的同时，能够保证婴幼儿生源的稳定性，也有利于家长接送孩子。

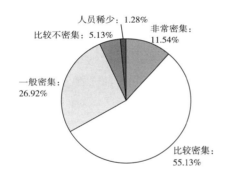

图19 公立幼儿园周围人员密集程度   **图20 公立幼儿园周围交通便利程度**

2. 公立幼儿园区域空间基本充分利用

（1）区域活动空间基本得到充分利用

整体来看，河北省公立幼儿园的区域活动空间基本得到充分利用，相对于城市幼儿园，乡镇公立幼儿园有更多的闲余空间。

园长 X-1："空间利用比较充分，很多区域也是适合婴幼儿活动的，这不算问题。"

园长 Z-2："园所占地面积1500平方米左右，建筑面积2000平方米左右，四层楼，儿童区域活动范围比较小，需要分批次活动。"

园长 X-2："我们这里有足够的空间，幼儿园有三层楼，还有几个区域是空闲的，如果办托育的话，0~3岁幼儿最好在一楼。"

（2）市区公立幼儿园学位数供不应求

幼儿入学需要遵循就近原则，公立幼儿园的学位数有限，会限制入园幼儿的户口和片区。城市幼儿园相较县域幼儿园与乡镇幼儿园需要承受更大的入园压力，常常面临学位数供不应求的局面，学位供给紧张。

园长 S-1："幼儿园的任务与功能主要是满足 3~6 岁幼儿的发展，如果幼儿园周边 3~6 岁的孩子都收不完，向下延伸是不对的，如果幼儿园有空余学位，可以向下延伸，招收 0~3 岁婴幼儿以减轻社会压力。所以现在为什么说整个市的公办园基本没有开办托育，是因为 3~6 的孩子都收不清，需求量大于学位数。"

园长 S-2："家长教育观念发生转变，法律维权意识提高，给予了园所一定压力，该压力是指公立幼儿园学位名额有限，但是家长不理解，觉得住在旁边就可以进入该园所学习，因此会经常向上级投诉，打市长热线，导致家园纠纷。"

园长 S-3："国家已经严格管制幼小衔接结构，大班幼儿流失情况明显改善，幼儿园学位依旧饱和。"

3. 公立幼儿园室外活动场地设施完善

86.54%的公立幼儿园设有正常的幼儿室外活动场地（见图 21），89.11%的公立幼儿园完全配备或大部分配备了安全防护措施（见图 22），这符合《国家卫生健康委关于印发托育机构设置标准（试行）和托育机构管理规范（试行）的通知》中关于"场地设施"的规范要求。

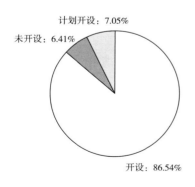

图 21　公立幼儿园室外活动
场地设施情况

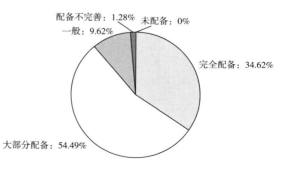

图 22　公立幼儿园安全防护
措施配备情况

五　总结与讨论

（一）首要矛盾：公立幼儿园托育服务供需矛盾突出

1. 城市公立幼儿园学位数量相对不足

习近平总书记指出："中国特色社会主义进入新时代，我国社会主要矛盾已经转化为人民日益增长的美好生活需要和不平衡不充分的发展之间的矛盾。"① 教育供求失衡是阻碍教育发展的主要因素，学前教育阶段也不例外。公立幼儿园的生源比较稳定，但在稳定的同时，产生了较大的学位压力。一部分公立幼儿园难以完全容纳自己所在"片区"的适龄幼儿，在服务对象主体都未能完全照护的情况下，招收 0~3 岁的婴幼儿是不科学、不现实的，容易陷入本末倒置的误区。尽管公立幼儿园大体具备开设托育服务的条件，亦是众望所归，符合社会各界以及家长的期望，但是学位数量相对不足这一首要矛盾仍是公立幼儿园开设托育服务的主要障碍。

2. 乡镇公立幼儿园难以开展托育服务

乡镇幼儿园处于资源较为薄弱的乡镇地区，在托育观念、物质资源、人力资源、资金支持等方面，相较于城市公立幼儿园都比较薄弱。研究者在调查过程中发现，部分乡镇公立幼儿园生存状况艰难，时常面临私立幼儿园的高强度竞争，生源流失情况严重，往往自顾不暇。尽管青年父母养育压力大、托育诉求高、期望科学的育儿指导，但乡镇公立幼儿园并没有能力给他们提供相应的支持与帮助。此外，城市幼儿园的托育服务开设情况并不普遍，其发展处于起步阶段，辐射作用较小，难以带动乡镇公立园的托育建设，多种因素综合作用，导致乡镇幼儿园很难开设托育服务。

3. 供需矛盾引发家园矛盾成普遍现象

城市公立幼儿园的学位数量相对固定，且学前教育阶段并未纳入义务教育，在招生过程中，家长不理解公立幼儿园学位数量的有限性，学位的

---

① 《党史钩沉：中国共产党对我国社会主要矛盾的认识过程》，http://dangjian.people.com.cn/n1/2018/0606/c117092-30038740.html。

实际需求量大于固定学位数，大城市的学前教育供给总量不足，部分家长简单地认为居住在公立幼儿园附近就有资格进入该园所学习，但是往往事与愿违。他们通常采取向上级投诉、拨打市长热线等方式寻求帮助，家长与幼儿园教师之间的信任因此受损，引发了一系列家园矛盾，不利于家园合作以及托育服务工作的开展。

（二）现实阻碍：公立幼儿园托育服务依靠单方发力

1. 可供借鉴的本土化经验较少

目前，我国儿童早期教育尚处于托幼分离状态，尽管过去集体福利性托育服务体系为我国托幼一体化建设积累了一些经验，但在新的历史起点上，仍需要顺应时代的发展，做出创造性改变。① 与此同时，公办幼儿园开设托育服务的案例较少，可供参考的经验不多，国外优秀的案例并不能直接套用，需要做本土化研究。无论是本国过去的成功实践还是国外的优秀实践，均需要相关学者及一线实践人员对其进行现代化、中国化、本土化的调整优化，这需要大量的时间。因此，经验的不足，在一定程度上导致了公办园迟迟未开展托育服务的现状。

2. 家庭、公立幼儿园、政府三方合力不足

尽管社会各界加大了对于托育服务的关注，但是各方尚未完全形成合力，在一定程度上限制了托育服务的发展，家长的高期望与政府的强导向给公立幼儿园施加了托育压力。对于婴幼儿家长而言，一方面，他们教育子女的意识逐渐增强，愿意将孩子交给专业的人带；另一方面，疫情后的经济处于恢复增长阶段，送孩子去托育是实现家庭经济收益最大化的重要措施。对于政府而言，政府颁布了一系列文件以刺激社会各方力量开设托育服务，看似可行，但部分公立幼儿园很难在短时间内达到相应资质，且政府方面提供的帮助与扶持不足以支撑起大范围的托育机构开设。因此，公立幼儿园开设托育服务，仅仅依靠自己的力量无法解决现实困境，需要克服重重困难，更需要架设充分发挥公立幼儿园、家庭、政府三方合力的桥梁。

---

① 张颖、周沛然、张秋洁：《幼儿教育政策：从福利化到社会化》，载张秀兰主编《中国教育发展与政策 30 年（1978-2008）》，社会科学文献出版社，2008，第 46~88 页。

（三）资源配置：公立幼儿园托育服务城乡差距明显

1. 物质资源：乡镇相较于城市公立幼儿园多楼层而少区域

从乡镇公立幼儿园的物质环境上看，很多公立幼儿园直接由小学改建而来，或者附建于乡镇中心小学里面，尽管空间面积较大、楼层房间充足，但是不存在"区域活动"的观念，设备呈现同质化的特点，难以满足幼儿的个性化需求。而城市公立幼儿园原有的活动区角及科学的育儿观念可以直接结合 0~3 岁婴幼儿的身心特点嫁接运用，以保证托育服务的科学性。总体来说，乡镇相较于城市公立幼儿园，物质资源单一、科学育儿经验不足，难以满足开展托育服务的基本要求。

2. 人力资源：乡镇相较于城市公立幼儿园多流动而少资质

师资是公办园开展托育服务的关键，然而，在幼儿园教师队伍不稳定的情况下，托育资质更加难以把握。相较于城市公立幼儿园，乡镇公立幼儿园要面临更大的托育意识淡薄、人员流动性大与教师资质不足等问题。首先，调查显示还有相当一部分公立幼儿园尚未组织了解、学习托育服务相关政策文件，对托育服务工作的关注度不够，主要为乡镇公立幼儿园。访谈过程中，有乡镇公立幼儿园园长直接表示没有考虑开展托育服务。其次，学前教育师资总体不足，教师数量少且不稳定，编制数量难以达到全覆盖，代课为主，工资较低，农村尤甚，很难留下年轻骨干教师。最后，部分乡镇幼儿园教师缺乏托育方面的理论知识，缺乏早期教育的系统学习、开发托班课程体系的能力、相应的育婴师证书，需要进一步培训与培养。

3. 资金支持：乡镇相较于城市公立幼儿园多压力而少扶持

乡镇公立幼儿园开设托育服务存在经费不足、设备设施不够完善等问题，这些问题的解决难以得到相关方面的有力支持。公立幼儿园资金短缺，在收费方面不能保证做到普惠，开设托育服务需要依靠家长的资金支撑，但是托育收费受到农村家庭收入的影响，难以保证资金的充足。调查显示，城市公立幼儿园托班费用达到 600 元/月（半日制）、900 元/月（全日制），而乡镇公立幼儿园的园长表示 100~200 元/月才是农村家长们的合理期望，二者差距显著。另外，乡镇公立幼儿园无力采购适合托班幼儿的设施设备，难以达到开设托班的条件，自身的资质和资金困境成为主要问题。

六 建议

（一）发挥政府经济职能，均衡资金配备供给

目前，0~3岁婴幼儿托育服务的经费来源依旧没有明确规定，政策规范和引导始终是国家致力于完善的目标领域。全国教育经费执行情况统计快报显示，2022年全国幼儿园在园人数平均的一般公共预算教育经费为10198.39元，比上年增长7.29%，总体上有所提升，但仍有较大发展空间。① 从经济职能上看，政府可以通过购买专业服务实现对托育服务的供给、管理和监督，对公办非营利性托育机构发挥政府定价作用，同时根据区域及机构实况，制定阶梯化的服务价格，建立动态收费机制，实现政府、市场的联动，加强规范性引导。同时，可以借鉴英国政府提供代金券和现金补助的模式，帮助家长获得资助以降低托育成本。此外，要尝试联动社会力量设置专项基金，接受社会组织、慈善组织和企业等的捐助，同时辅之以透明完善的公开公示制度，以使其真正发挥作用。

（二）国家政策保驾护航，加大师资培养力度

近些年我国相继出台了很多政策法规，为教师的专业发展提供了制度保障，然而关于0~3岁婴幼儿照护的早期教育教师的培训组织及制度保障还比较少见。可以从三方面入手解决这个问题，首先，需要合理配发教师编制，编制是师资稳定的重要保证，因此政府部门要针对0~3岁婴幼儿早期教育教师的职前培训、编制、薪资待遇、职称评比等现实问题，建立行之有效的师资培训模式。其次，应当拓展师资培养渠道，提升教师专业技能，合理引导3~6岁幼儿园教师成为面向0~6岁幼儿的全能型教师，以解决0~3岁婴幼儿早教教师短缺的问题，增强其职业认同感和归属感，改变

---

① 《教育部 国家统计局 财政部关于2022年全国教育经费执行情况统计公告》，http://www.moe.gov.cn/srcsite/A05/s3040/202312/t20231202_1092896.html。

教师队伍不稳定的现状。最后，为适应社会的发展，满足行业需求，不少高职院校开设了早期教育、婴幼儿托育服务与管理等专业，应重视理论教学与实践培养的"双管齐下"，同时加强其与学前教育专业的联系，弱化专业壁垒，扩大师范生的就业范围。

（三）发挥引领辐射作用，着力关注弱势园所

"引领辐射"包括两个方面，一方面指优势园带动弱势园，另一方面指园所专门针对部分年龄段的婴幼儿先行开设托育服务，以实现阶梯式发展。以河北省为例，处于市区的部分公立幼儿园基本具备开设托育服务的条件，可以在日常保育与教养、教师培养与选拔、课程安排与创新、家园合作与共建等方面积累经验，进而与分园甚至是乡镇公立园形成联动机制，协同发展；于园所自身而言，可以根据自身的条件与现实情况，以多种方式、分层分阶段地开展托育服务，率先开展针对 2~3 岁婴幼儿的托育服务，并提供全日制、半日制、计时制等多种托育形式，以满足家长的个性化需求。

（编辑：高艳红）

A Study on Infant Care Support and Childcare Pressure in Public Kindergartens—Based on the Public Kindergartens of Cities, Counties, and Townships in Hebei Province Survey Data

ZHENG Yuxiang, *HE Yixuan*, *ZHAO Jinrui*

（College of Home Economics, Hebei Normal University,
Shijiazhuang, Hebei 050024, China）

Abstract: Under the background of the integration of Childcare, the

Provision of childcare services in Public Kindergartens is of great significance to set up childcare services system. This study made a survey on the childcare service and nursery pressure in public kindergartens in Hebei Province. It is found that the current situation of nursery service in public kindergartens is not optimistic. Only some city and county-level public kindergartens have set up nursery classes, with infants and young children aged 2 – 3 as the main care targets. Nursery service in public kindergartens in Hebei Province is generally under great pressure. The primary problem is the conflict between supply and demand caused by the shortage of placements. The lack of joint efforts from the family, the public kindergarten, and the government for nursery service in public kindergartens is a practical obstacle to be solved. There is an obvious gap between urban and rural areas in the allocation of resources such as material, human resources, and financial support. It is recommended to give full play to the economic functions of the government and balance the allocation and supply of funds; National policies escort and increase the training of teachers; Play a leading role in radiation, and focus on disadvantaged kindergartens.

Keywords: Public Kindergarten; Infants; Childcare Service; Care Support

• 家政教育 •

学前儿童亲职教育存在的问题及对策研究[*]

田茂叶　赵丽芬

（南京师范大学金陵女子学院，江苏南京 210097）

摘　要： 亲职教育应是家庭教育之基础，学前儿童亲职教育有助于促进儿童身心健康发展，建立稳固的亲子依恋关系，以及增强积极的社会互动。本文旨在探究我国0~6岁儿童家长亲职教育现状和存在的问题。研究发现：亲职教育的概念和内涵尚未形成共识；多数人对亲职教育的认识不足，家庭中父职教育缺失现象严重；缺乏持续性互动和个性化的活动形式制约了亲职教育发展；较少关注农村地区和特殊群体的亲职教育状况，且对于0~3岁儿童家长的亲职教育研究相对不足。这些问题中也蕴藏着我国亲职教育发展的机遇。加强我国学前儿童亲职教育的纵向规划和政策支持，推动家庭、学前教育机构、社区三方合作，关注更多边缘群体的亲职教育需求，提高师资培训及课程开发水平，引导父母积极参与亲职教育终身学习，并深入探讨父职教育缺失问题等，这些努力或有望为亲职教育的未来发展提供一定的指导和支持。

关键词： 学前儿童；学前教育；亲职教育

作者简介： 田茂叶，南京师范大学金陵女子学院家政学专业2022级硕士研究生，主要研究方向为家政教育与家庭教育；赵丽芬，通讯作者，南京师范大学金陵女子学院讲师，主要研究方向为家政教育与家庭教育。

一　导言

"未有学养子而后嫁者"的观念长期以来一直影响着国人的思维方式，

---

*　本文为江苏省高校哲学社会科学研究一般项目"农村儿童多重风险对多维发展的影响机制和精准干预研究"（项目号：2023SJYB0242）成果。

似乎养育孩子是理所当然的，无须刻意学习。[1] 这种观念的影响深远。不管是 10 多年前的"早教革命"，还是如今的"鸡娃教育"，都反映出现代家庭对于教育的重视。《中华人民共和国家庭教育促进法》强调了家庭教育的重要性，强调监护人对未成年人在道德品质、身体素质、生活技能等方面的培养、引导和影响。然而，多数家长对于儿童的生长规律了解有限，对于如何引导孩子健康成长还处于一知半解的状态。[2] 这意味着"入职"父母岗位并不是一件水到渠成的事，监护人须得接受有关促进儿童身心发育发展的教育指导，这种指导，即亲职教育应当是一切家庭教育的基础。[3] 大量研究表明，有效的学前儿童亲职教育有助于提高父母的养育知识水平、减少父母喂养难题、促进儿童心理发展、提高儿童入园适应能力和学习品质。[4] 此外，它还有助于建立安全的亲子依恋关系，促进积极的社会互动行为。[5] 可以说，孩子处于学前期是亲职教育的黄金时期，在此期间，为家长提供有效的亲职教育将产生事半功倍的效果。[6] "三孩"时代下，家庭的类型和结构不断变化，学前儿童亲职教育问题也变得更加复杂，完善和推广亲职教育已刻不容缓。[7] 本文旨在探究我国 0～6 岁学前儿童家长亲职教育的现状，挖掘亲职教育存在的问题，以期为亲职教育的未来发展提供参考和支持。

---

[1] 段飞艳：《从学前教育管窥家庭之亲职教育》，《现代教育科学》2011 年第 4 期。

[2] 李红、李辉：《关于家庭教育与亲职教育的实践与思考》，《学术探索》2001 年第 3 期。

[3] 范辰辉、彭少峰：《现代亲职教育：发展现状与未来取向——社会工作介入初探》，《社会福利》（理论版）2013 年第 12 期。

[4] 朱华、汪丽霞：《亲职教育在改善婴幼儿喂养困难中的应用》，《南昌大学学报》（医学版）2015 年第 5 期；朱华、徐萍：《儿童为主导的新手父母亲职教育对婴幼儿心理发育的影响》，《中国儿童保健杂志》2010 年第 7 期。

[5] L. Popp, S. Fuths and S. Schneider. The Relevance of Infant Outcome Measures: A Pilot-RCT Comparing Baby Triple P Positive Parenting Program with Care as Usual. *Frontiers in Psychology*, 2019, 10: 2425; Y. J. Heo, W. O. Oh. The Effectiveness of a Parent Participation Improvement Program for Parents on Partnership, Attachment Infant Growth in a Neonatal Intensive Care Unit: A Randomized Controlled Trial. *Int J Nurs Stud*, 2019, 95: 19-27.

[6] 蒙艺、袁璐：《保护未成年人：亲职教育理论回溯与现实启示》，《青少年研究与实践》2022 年第 4 期。

[7] 王凤龙、张英梅：《学前儿童亲职教育研究述评》，《齐鲁师范学院学报》2022 年第 1 期。

二　亲职教育的概念与内涵

"亲职教育"这一术语在国内并不常见，最初是由台湾学者引进的，在国内多被称为家长教育、父母教育等[①]，经常与家庭教育、亲子教育等概念混淆[②]。事实上，三者的关系可以用洋葱模型来解释：家庭教育是外壳，其中包含着亲职教育这一"果肉"，而"洋葱芯子"则是亲子教育。也有学者将其归纳为家庭美育的一部分。[③] 然而，需要指出的是，学界对亲职教育的内涵和概念并没有形成共识。

（一）学科视角下的亲职教育

从教育学视角出发，学者认为合格父母的能力并不是与生俱来的，需要通过教育手段来实现，包括对父母的教育和父母对孩子的教育，这种教育就是亲职教育。[④] 或者说，父母应当被视为一种职业，其角色说明和技能要求应随时更新，必须进行职前和在职培训，[⑤] 甚至应该将亲职教育纳入终身教育的计划，做到"活到老，学到老"。

社会工作则从人与环境互动的角度出发，认为亲职教育是一种通过帮助父母履行亲职角色以促进个体或家庭适应社会的教育形式。[⑥] 这种亲职教育应该是一个体系，包括补救型、预防型、发展型三个层面，方便对家庭进行归类存档，对症下药。[⑦] 但其中"预防型"功能常被

---

① 张淑婷、任登峰：《毕节市自闭症儿童家长亲职教育需求调查研究》，《贵州工程应用技术学院学报》2022 年第 2 期。

② 李国欣、孙艳君、任杰等：《"互联网+亲职教育"的现状及对策分析——以襄阳市幼儿园为例》，《教育观察》2020 年第 20 期。

③ 刁生富：《从美育的性质和特点看当前美育中的几个问题》，《天中学刊》2004 年第 1 期。

④ 吴佳妮：《对我国亲职教育的反思》，《赤峰学院学报》（汉文哲学社会科学版）2015 年第 4 期；赵秀坤、程秀兰：《基于家庭亲职教育需求的幼儿入园适应研究》，《陕西学前师范学院学报》2018 年第 3 期。

⑤ 郭莉萍：《3~6 岁幼儿家长参与亲职教育活动的现状分析》，《教育观察》2020 年第 12 期。

⑥ 刘华丽：《社会工作视野下的亲职辅导》，《华东理工大学学报》（社会科学版）2010 年第 6 期。

⑦ 赵芳：《家庭教育促进法实施中的社会工作服务》，《中国社会工作》2022 年第 4 期。

人忽略。① 亲职教育不应该局限在对"问题家庭"的父母教育上，而应该面向全体家庭，发展为全民教育，使其知识和理念成为全体国民的共识，以集体的力量营造有利于儿童成长的社会环境。②

（二）狭义和广义视角下的亲职教育

狭义视角下的亲职教育对象主要是"某些方面表现不太合乎标准的父母"，而广义视角将其扩展到"将所有现在的或将来的父母培养成健全的父母"，甚至扩展到所有家庭和全体公民③，强调不仅要提供育儿知识和技能，还要关注心理调适、社会资源和社会沟通等多个层面④。

狭义的亲职教育通常追求功利性目标，侧重于父母在子女学习方面的指导，以便培养更多的"顺教育"学生，为进入和适应学校教育系统做准备。⑤ 然而，随着时间的推移，亲职教育的目标也逐渐多元化，包括提高儿童的精神健康、促进夫妻关系和家庭和谐等方面。⑥ 这些越发多元化的目标使得亲职教育更加综合和全面。

总的来说，亲职教育暂时没有统一的定义，根据上文对各视角内涵的回顾，可知它是一种施加于监护人（主要是父母）的教育手段，监护人可以通过网络媒体、学校课堂、社区教育等多方渠道获取资源，其内容不仅包括育儿知识和技能，还涉及儿童及监护人心理调适、社会资源和社会沟通等，以促进儿童健康成长、夫妻和睦及家庭稳定。

---

① 范辰辉、彭少峰：《现代亲职教育：发展现状与未来取向——社会工作介入初探》，《社会福利》（理论版）2013 年第 12 期。
② 宗秋荣：《"1998 两岸家庭教育学术研讨会"综述》，《教育研究》1998 年第 11 期。
③ 李超婵、黄丽雅：《学前教育专业亲职教育课程体系优化——以广西高等师范院校为例》，《国际公关》2020 年第 9 期。
④ 崔建欣、孔翠薇：《亲职教育在幼儿园开展情况的研究——以某市幼儿园为例》，《佳木斯职业学院学报》2018 年第 7 期。
⑤ 张博：《关于家庭亲职教育的实践与思考》，《现代职业教育》2020 年第 9 期；张爽、范永强：《学校实施亲职教育的可行性与途径分析》，《教学与管理》2013 年第 33 期。
⑥ 蔡文丽：《关于我园施行亲职教育的效果的调查分析》，《教育导刊》1999 年第 S1 期。

三 我国学前儿童亲职教育现状及问题

（一）亲职教育重心转移，关注儿童全面发展和家庭个性化需求

传统的亲职教育通常由家长主导，侧重于培养儿童的生理发育知识和技能。现在更多关注儿童作为独立个体的需求，特别强调身心健康发展、认知能力和社会适应性。朱华和徐萍的研究表明，父母定期接受亲职教育的儿童的家庭教养环境和智能及运动发育指数明显高于父母未接受亲职教育的儿童，而且这些儿童的行为问题检出率也显著降低，[①] 这表明定期进行以儿童为中心的亲职教育有助于促进婴幼儿的身心发育。随着家长教育水平的提高和育儿观念的更新，他们也越来越关注孩子的心理健康、行为发展情况。新冠疫情更是让家长们不断反思并寻求"科学的育儿方式"，以幼儿为中心的育儿需求越发强烈，教育知识与技能等方面的亲职教育已经不足以解决家长们的育儿疑惑。[②] 此外，来自家庭和社会的压力导致更多家长产生个性化的亲职需求，不再将儿童置于绝对中心，而是开始重视自身情绪管理、家庭管理以及婚姻经营等需求，这些以前常常被忽视的方面逐渐受到关注。[③] 总的来说，以家庭整体发展为中心的模式正成为未来亲职教育的主流，这无疑有助于促进家庭和谐和营造幼儿良好成长环境。

（二）亲职教育认知不足，父职教育缺位明显

家长对于亲职教育的理解通常相对肤浅，对其内容和重要性缺乏充分了解，甚至持怀疑态度[④]，他们更愿意参加一些立竿见影或有实际收益

① 朱华、徐萍：《儿童为主导的新手父母亲职教育对婴幼儿心理发育的影响》，《中国儿童保健杂志》2010 年第 7 期。

② 谢亚妮：《泉州幼儿亲职教育的现状分析与对策研究——基于新冠肺炎疫情下亲职教育特点的思考》，《豫章师范学院学报》2022 年第 6 期。

③ 许璐颖、周念丽：《学前儿童家长亲职教育现状与需求》，《学前教育研究》2016 年第 3 期。

④ 刘伟民、袁嫣孜、倪萍：《幼儿家长亲职教育：现实困境与推进对策》，《桂林师范高等专科学校学报》2020 年第 4 期。

的活动①。农村地区更甚。② 从学者对中国西部地区 3~6 岁幼儿家长亲职认知的调查中可以看出，多数父母对亲职教育持功利心态，更多地将其视为促进孩子学习的手段，低估了其其他功能。③ 一些地方推出的"家长持证上岗"政策，初衷是鼓励家长接受亲职教育、改变育儿观念、提高科学育儿技能。然而，该政策一经推出，就受到了种种质疑和误解，家长更多关注如何取得证书，未能认识到政策本身的目的，甚至担心这会增加其压力和负担，因为该制度可能具有一定的强制性和束缚性。④ 从这一现象可以看出多数家长对亲职教育的浅显认知与排异情绪。

此外，性别是影响亲职教育的重要因素，大量研究发现，母亲在亲职教育中的参与度和认知程度普遍高于父亲。⑤ 在一项调查中，有 41.22% 的家庭呈现"父位缺失"的状态，即教育责任完全由其他监护人（主要是母亲）和学校承担，有些父亲甚至表示只在批评孩子或纠正孩子错误时才与孩子沟通。⑥ 学者通过对父亲参与亲职教育的访谈发现，孩子越小，父亲参与亲职教育的意愿越低，他们认为低年龄阶段孩子的生理需求过多且较难进行有效沟通。⑦ 尽管随着父亲职能重要性的日益凸显，父职意识得到了强化，有关这方面的研究也受到前所未有的重视，但事实上，我国父亲教养投入的整体水平依然有限。在一项研究中，有关父亲教养投入、父亲教养价值态度的问卷均为 5 分制，调查结果显示，父亲教养价值态度的均分

---

① 李超婵、黄丽雅：《学前教育专业亲职教育课程体系优化——以广西高等师范院校为例》，《国际公关》2020 年第 9 期。

② 和江群、李毅：《农村祖辈教养背景下早期亲职课程开发建议》，《成都师范学院学报》2018 年第 8 期。

③ 李静：《亲职者胜任力对幼儿学习品质的影响研究》，《北京教育学院学报》2021 年第 4 期；张红霞：《小班幼儿家长教育观念现状及其提升》，《学前教育研究》2018 年第 3 期。

④ 赵晨熙：《"家长持证上岗"缘何引发争议 争论折射家庭教育焦虑》，《决策探索（上）》2021 年第 8 期。

⑤ 李国欣、孙艳君、任杰等：《"互联网+亲职教育"的现状及对策分析——以襄阳市幼儿园为例》，《教育观察》2020 年第 20 期；张欣童、陆群华、刘天娥：《襄阳市学前儿童家长亲职教育现状研究》，《成都师范学院学报》2019 年第 5 期。

⑥ 舒坦：《学前儿童亲职教育现状调查研究》，《林区教学》2019 年第 2 期。

⑦ 蔡玲：《父亲参与亲职的影响因素研究——基于生态系统论视角的实证分析》，《社会科学动态》2018 年第 6 期。

为 4.01 分，得分较高，而父亲实际教养投入均分仅为 2.52 分。①

（三）亲职教育需求差异显著，总体需求强烈

关于学前儿童家长亲职教育需求，前人主要采用问卷调查和访谈等方式，重点调查了学龄前幼儿的家长。郭莉萍的一项社区调查发现，3～6 岁幼儿家长对亲职教育培训有着较高的需求，他们期望培训形式多样、灵活，并希望内容集中在"促进幼儿身心发展、建立亲子关系、发挥孩子潜能和创造理想家庭"四个方面。② 在一项有关公共图书馆的调查中，超过一半的受访者是学前儿童家长，他们对亲职教育的需求主要集中在儿童心理知识、阅读和学习方面。③ 在农村留守儿童家庭中，学习与幼儿的交流方式通常是父母的首要需求。④

此外，大多数调查在幼儿园进行，通过调查发现，不管大班还是小班，家长对亲职教育的总体需求都很强烈，尤其关注教养知识，⑤ 但在心理调适、社会资源和社交沟通等方面的需求有所不同。这可能受个体差异影响，如家长的职业和学历、是否第一次担任父母等因素。大量研究表明，那些符合"独生子女、高学历、31～35 岁"等条件的学前儿童家长在亲职教育内容需求上明显高于其他群体。⑥

（四）亲职教育创新型不足，家长互动性待提高

幼儿园举办的各类活动是大多数家长获取亲职教育知识的主要途径，其余多从网络媒体习得。而这些由幼儿园和儿童教育机构主导的亲职教育

---

① 邹盛奇、伍新春、刘畅：《父亲关于自身教养价值的态度对其教养投入行为的影响：一个有中介的调节模型》，《心理发展与教育》2016 年第 2 期。
② 郭莉萍：《高职学前教育专业服务社区家长亲职教育存在的问题及对策》，《西部素质教育》2020 年第 6 期。
③ 吴洪珺：《公共图书馆开展亲职教育研究》，《图书馆工作与研究》2015 年第 9 期。
④ 彭谦俊、曾珂：《农村留守幼儿家庭亲职教育需求研究》，《甘肃教育研究》2023 年第 4 期。
⑤ 崔建欣：《大班幼儿家长亲职教育内容的需求研究》，《教育观察》2019 年第 34 期。
⑥ 王燕、任春茂：《遵义市学前儿童父母家庭教育需求的调查及对策研究》，《遵义师范学院学报》2021 年第 3 期；许璐颖、周念丽：《学前儿童家长亲职教育现状与需求》，《学前教育研究》2016 年第 3 期。

活动，大都缺乏政府或准行政部门的引导和支持。这些亲职教育活动通常以家长会、亲子游戏和讲座等传统形式开展，尽管这些活动存在一定的互动性，但多数缺乏个性化和创新性，未能充分利用现代媒介。此外，这些活动大多是短期的、非连续的①，难以实现亲职教育的持续性发展②。越来越多的幼儿园正试着改变这种状态，例如，某些幼儿园尝试将茶文化融入主题课程活动，鼓励家长与孩子一同"在做中学"，以传统文化的熏陶培养高质量、持续性的亲子互动和亲职教育。③ 也有幼儿园尝试引入新西兰的"学习故事"评价方式，该方式能够长期记录和描述儿童的学习和生活事件，涵盖教师、儿童、家庭和社区等多个层面，有助于更有针对性地开展个性化亲职教育。④

尽管多数家长主要通过幼儿园获取亲职教育的知识，但事实上，幼儿园亲职教育的家长参与度并不高。郭莉萍在关于中国西部地区 3~6 岁幼儿家长参与亲职教育活动的调查中发现，高达 32.6% 的家长从未参加过亲职教育活动，这是令人担忧的事情。⑤ "工作冲突、家务冲突、信息资源匮乏"被认为是现代家长参与亲职教育活动的三大主要障碍。⑥ 然而，杨梦萍和胡娟在针对苏州市幼儿园家长的调查中发现，家长对于那些便捷、针对性强、富有活力的活动的参与度和评价都较高。⑦ 但这一特性可能与调查地点、对象、亲职教育的活动类型有关。

（五）特殊家庭聚焦不足，农村亲职教育面临困境

残疾儿童的亲职教育是一项特殊而重要的工作，需要综合个人、家

① 胡云：《幼儿园开展亲职教育的途径》，《林区教学》2018 年第 11 期。
② 夏燕：《学前儿童亲职教育问题与对策探讨》，《南方农机》2018 年第 17 期；杨慧青：《幼儿园"现场指导式"亲职教育活动初探》，《上海教育科研》2009 年第 3 期。
③ 李晓洁：《基于茶文化的园本主题课程建构研究》，《福建茶叶》2022 年第 8 期。
④ 王陈：《以"学习故事"为契机 开拓幼儿园亲职教育新途径》，《教育教学论坛》2016 年第 23 期。
⑤ 郭莉萍：《3~6 岁幼儿家长参与亲职教育活动的现状分析》，《教育观察》2020 年第 12 期。
⑥ 刘伟民、袁嫣孜、倪萍：《幼儿家长亲职教育：现实困境与推进对策》，《桂林师范高等专科学校学报》2020 年第 4 期。
⑦ 杨梦萍、胡娟：《3-6 岁幼儿家长亲职教育参与现状及需求研究——以苏州市为例》，《教育理论与实践》2020 年第 29 期。

庭、社会和政策等多方面的努力，以确保其社会福祉。① 家庭在残疾儿童的生活和康复教育中扮演着关键角色。与普通家庭相比，0~6 岁残疾儿童家庭对亲职教育的需求更加迫切和广泛②，其不仅需要专业而个性化的儿童教育指导，还需要更多的心理和经济支持③。研究表明，积极、正面的亲职教育可以帮助缓解 0~6 岁聋儿家长的压力，并促使他们更好地参与听障儿童的听力恢复训练。④ 类似的亲职教育需求也适用于自闭症、孤独症等特殊儿童家庭，⑤ 但多数研究并未分年龄段讨论这些特殊儿童的父母亲职教育。孩子 0~6 岁是亲职教育的黄金时期，该阶段为家长提供有效的亲职教育将产生事半功倍的效果，⑥ 但事实上，对于 0~3 岁儿童家长的亲职教育研究比 3~6 岁少，针对这一阶段特殊儿童的研究更少。此外，这些关于残疾儿童亲职教育的研究往往侧重于了解父母的需求，对于如何提高教育质量和满足亲职需求的探究往往被一笔带过。

当前有关 0~6 岁儿童亲职教育的研究主要集中在城市园区，对农村地区亲职教育的关注度较低。农村地区教育问题具有其特殊性，如"隔代教育"盛行和教育资源稀缺等现象层出不穷。⑦ 当前农村地区亲职教育的研究多集中于披露现象，对于如何整合农村特殊资源、激发乡村内生力量、引进外部资源，以完善农村地区的亲职教育，还有待后续研究进一步挖掘。⑧ 此外，对于特殊家庭，如单亲家庭、重组家庭亲职教育的研究聚焦也还不够。一些人提出多孩家庭的亲职教育需求也应该被单独研究，但这

---

① 王倩：《残疾儿童亲职教育研究》，《残疾人研究》2014 年第 1 期。
② 沈明泓：《四川省 0—6 岁残疾儿童家庭亲职教育需求调查研究》，《昌吉学院学报》2016 年第 4 期。
③ 李静：《学前残疾儿童父母"亲职需求"特点探究》，《教育探索》2013 年第 4 期。
④ 郭庆：《亲职教育——聋儿语言康复的有效途径》，《现代特殊教育》2014 年第 5 期。
⑤ 秦秀群、陈妙盈、曾锦等：《不同康复训练模式对孤独症儿童母亲亲职压力的影响》，《中国实用护理杂志》2017 期第 14 期；王慧馨、湛献能、李丽珍：《超低与极低体重儿父亲亲职压力：0~6 个月调查研究》，《国际医药卫生导报》2017 年第 13 期。
⑥ 张爽、范永强：《学校实施亲职教育的可行性和途径分析》，《教学与管理》2013 年第 33 期。
⑦ 和江群、李毅：《农村祖辈教养背景下早期亲职课程开发建议》，《成都师范学院学报》2018 年第 8 期。
⑧ 田斐：《优势视角下农村 0~3 岁幼儿亲职教育资源探讨》，《黑龙江科学》2023 年第 3 期。

一观点的科学性尚待验证。①

（六）亲职教育项目探索不足，多数研究浅尝辄止

我国对于亲职教育的研究起步较晚，仍处于探索阶段，关于本土亲职教育项目的实践只有寥寥几个。比如，一项实验探究了亲职教育对农村监护人的有效性，发现干预小组对提升农村家长的亲职效能感、改善亲子关系具有积极作用。②此外，为扩宽我国亲职教育渠道、丰富教育内容，一些学者对西方国家的亲职教育体系或项目进行了深入分析和学习，但这类研究多侧重于介绍，③ 在挖掘项目核心、探究本土融合等方面还亟须完善。比如，鲁肖麟对国外亲职教育项目的开展情况、实施路径、体系框架等做了一定的分析，包括美国的"学龄前儿童的家庭指导计划"（HIPPY 计划）、英国以社区为依托的"确保开端"综合服务计划等，试图结合我国现实国情开发支教课程，但参考项目较多，如何立足本土，实现点对点填补空白以达到政策落地，如何推动当地政府、社会力量等多方合作，如何建立有效的监管体系，都还需要进一步实践论证。④

更多的实证研究在于了解学前儿童亲职教育现状，包括家长对亲职教育的需求情况、满意度，以及幼儿园亲职教育活动类型、频次等。⑤这些调查研究往往停留在对表面现象的描述，未能深入分析其根本原因，解决措施也常停留在叙述性分析层面，大多缺乏可操作性。比如"互联网＋亲职教育"模式的提出有利于改善亲职教育碎片化和片面性的问题，但如何保

---

① 王艳：《基于认知行为理论的社区二孩父母亲职教育培训探究》，《深圳职业技术学院学报》2021 年第 4 期。

② 祝玉红、银少君：《线上亲职小组对农村家长亲职效能感提升的干预研究》，《社会建设》2022 年第 6 期。

③ 蔡迎旗、张春艳：《澳大利亚积极教养项目运行模式及启示》，《外国教育研究》2020 年第 12 期；范洁琼：《国际早期儿童家庭亲职教育项目的经验与启示》，《学前教育研究》2016 年第 11 期。

④ 鲁肖麟：《亲职教育的本土化实践：对陕西省农村学前教育巡回支教的思考与建议》，《陕西学前师范学院学报》2015 年第 1 期。

⑤ 崔瑷欣、孔翠薇：《亲职教育在幼儿园开展情况的研究——以某市幼儿园为例》，《佳木斯职业学院学报》2018 年第 7 期；谢亚妮：《泉州幼儿亲职教育的现状分析与对策研究——基于新冠肺炎疫情下亲职教育特点的思考》，《豫章师范学院学报》2022 年第 6 期。

证互联网渠道的正规性和信息的正确性还有待进一步探究。① 在整合与利用亲职教育资源方面的研究也存在不足。比如高港和宋凤敏虽然提出了家庭、幼儿园、社区，甚至高校等多方合作的模式来强化亲职教育，但只强调其重要性和好处，而没有深入讨论整体体系的构建方案和具体的实施路径。②

四　促进我国亲职教育发展对策

（一）加强我国学前儿童亲职教育的纵向规划和政策支持

亲职教育不应仅停留在家庭内部，而是需要在整个生态系统内各子系统间相互协调与配合。国家层面需要从宏观视角对亲职教育进行科学规划，制定政策性指导方案，确保亲职教育在全社会、社区、各个家庭以及相关幼儿教育机构中展开，即对学前儿童亲职教育的强化应当贯穿整个社会结构，并积极调动各界资源，以实现效益最大化。政策的落实需要各级政府部门的协同配合，包括对各职能部门（特别是相关教育部门）的支持和服务。③ 亲职教育应该是长期的、成体系的教育与培训，这意味着需要建立起持续性的教育机制。此外，建立信息共享平台也是非常重要的，它能够让家长、教育机构和政府进行及时有效的信息交流，共享优秀的实践经验，促进亲职教育的协同发展，这种互通的模式将有效地推动亲职教育向纵深发展。持续评估和政策调整也是确保亲职教育持续进步的关键。这需要建立完善的评估机制，定期对亲职教育政策进行评估，了解政策实施的效果和问题，以便及时进行调整和改进，这种持续性的反馈机制有利于确保亲职教育相关政策始终满足社会发展的需要。

---

① 李同同：《强制到自愿："互联网+亲职教育"的行动转化路径》，《中国成人教育》2019年第16期；周梦瑶、朱锐：《重大疫情背景下幼儿园网络亲职教育的实践与思考》，《教育科学论坛》2021年第29期。
② 高港、宋凤敏：《家庭教育与学校教育合作途径的探究》，《当代教育实践与教学研究》2018年第10期。
③ 田栋天：《我国学前儿童亲职教育研究》，硕士学位论文，四川师范大学，2011。

社会资源整合与多元化支持也是促进亲职教育发展至关重要的一环。政府可以利用社区资源、媒体、志愿者等，扩大亲职教育的影响范围，并且可以鼓励某些社会责任项目挂靠于亲职教育，这将为家庭提供更多选择和支持，扩大亲职教育的覆盖面。同时应该积极调动高校、专业幼儿教育机构等社会组织的积极性，引导其积极参与亲职教育，充分发挥其专业优势，[①] 当然，这离不开政府部门的指导、管理与监督。跨地区、跨阶层的平衡发展也是促进亲职教育体系发展不可忽视的一部分，这需要政府大量的关注、投入和对资源的合理配置。为了确保资源的公平分配，应该关注资源贫乏地区和人口较少地区的亲职教育，确保这些地区也获得相关教育资源。[②] 各类幼儿园和社会办学机构为家长提供亲职教育培训时，要强调针对性，做到因地制宜、对症下药。这一议题的深入讨论也需要考虑特殊群体的需求与福利保障，[③] 针对残疾儿童、少数民族儿童等特殊群体，应提供特殊化的亲职教育支持，确保他们平等享有优质教育资源。

（二）推动家庭、学前教育机构、社区三方合作，助力亲职教育发展

陈鹤琴老先生认为"幼稚教育"只有在家庭和幼稚园充分结合互补的情况下，方能产生充分功效。[④] 尽管我国在 1999 年就提出了"家园合作"的概念，但时至今日，在实际实施过程中仍然有许多问题亟待解决。[⑤] 很多家长过度追求智力教育，往往忽视孩子情感、生理需求，轻视家庭自身功能，甚至把教育完全归责于学校。[⑥] 幼儿园开展的活动往往聚焦于解决普遍的、热度较高的家庭问题，多限于儿童发展问题，忽略学前儿童家长对于

---

① 秦宇涵：《学习型社区视域下亲职教育发展对策探究》，《继续教育研究》2022 年第 11 期。
② 韩春雨：《单亲家庭社会资源流动模型研究——基于亲职资源的视角》，《法制与社会》2012 年第 32 期。
③ 李静：《学前残疾儿童父母"亲职需求"特点探究》，《教育探索》2013 年第 4 期；黄赛君、俞红、刘珂等：《不同类型抽动障碍儿童父母亲职压力水平分析》，《中国儿童保健杂志》2018 年第 2 期。
④ 段飞艳：《从学前教育管窥家庭之亲职教育》，《现代教育科学》2011 年第 4 期。
⑤ 高港、宋凤敏：《家庭教育与学校教育合作途径的探究》，《当代教育实践与教学研究》2018 年第 10 期。
⑥ 张红霞：《小班幼儿家长教育观念现状及其提升》，《学前教育研究》2018 年第 3 期；张博：《关于家庭亲职教育的实践与思考》，《现代职业教育》2020 年第 9 期。

亲职教育活动的个性化需求，这种情况阻碍了亲职教育向更为科学和多元化的方向发展。① 这也导致了家园合作通常仅停留在较低水平上，家长除了偶尔参加幼儿园组织的活动，大部分时间与幼儿园属于责任分离的状态。

近些年来，社区作为连接家庭与社会的重要媒介逐渐显露于大众视野，人们慢慢意识到，只靠幼儿园来举办各种亲职教育活动是远远不够的。尽管早有学者提出建立社区家长学校，② 但传统的社区亲职教育主要由幼儿园和早教中心来主导，提供的帮助和支持有限，其活动类型仍然单一、缺乏个性化特征，家长参与的积极性并不高。③ 如今，新的"学习型社区"逐渐成为热点，其通过构建家庭与外部亲职教育资源互动的平台，鼓励社区发挥主导作用。这种模式有利于整合周边的学校、社会组织、行政力量等资源，为居民提供高质量、持续性的学习内容和交流机会。④ 比如引入高校或幼儿园相关专业人员进入社区开设亲职教育课程，在提高其实践能力的同时，还能有效促进家庭、学前教育机构、社区三方的交流和发展。⑤

（三）重视师资的培养和培训，进一步加强对亲职教育的专业指导

当前，不论是在幼儿园还是家长学校，亲职教育活动普遍缺乏系统的规划和课程，这与师资力量的不足密切相关。不仅缺乏专职人员来组织和管理亲职教育活动，还缺乏专门的亲职教育教师，多数是由其他任课教师担任。⑥ 这些未经专业培训的教师主要依靠实际经验积累，通过查阅相关文献和书籍或利用现代媒体工具来获取亲职教育相关知识。师资的匮乏与高等院校的专业人才输出少有着莫大的联系，事实上，亲职教育在我国的

① 张欣童、陆群华、刘天娥：《襄阳市学前儿童家长亲职教育现状研究》，《成都师范学院学报》2019 年第 5 期。

② 邓惠明：《关于构建社区家长学校的思考》，《中共福建省委党校学报》2012 年第 9 期。

③ 郭莉萍、李永霞：《高职学前教育专业师生开辟社区亲职教育课堂的实践》，《西部素质教育》2020 年第 2 期。

④ 秦宇涵：《学习型社区视域下亲职教育发展对策探究》，《继续教育研究》2022 年第 11 期。

⑤ 李超婵、黄丽雅：《学前教育专业亲职教育课程体系优化——以广西高等师范院校为例》，《国际公关》2020 年第 9 期；舒坦：《学前儿童亲职教育现状调查研究》，《林区教学》2019 年第 2 期。

⑥ 舒坦：《学前儿童亲职教育存在的问题和原因分析》，《新西部》2019 年第 3 期。

高等院校中（包括高职、高专）尚未形成完整的课程体系，相关内容大都属于学前教育范畴。"教育主管部门不够重视、产学研合作与协调机制欠缺、缺少社会服务意识"都使得高等院校的人才培养薄弱。[①] 面对这些情况，相关部门可以通过强化学校教育和促进在职培训等手段提高幼儿教师对亲职教育的重视程度和对相关知识技能的掌握程度。此外，可以通过招募、培养、考核等手段吸引有志于家庭教育服务的志愿者或专业工作者，发展兼职师资队伍。还可以就地取材，吸收热心于教育的家长，充分挖掘其潜力，让更多家长参与进来。当然，具有心理学、教育学、卫生保健等相关专业学科背景的家长更佳。[②]

（四）鼓励和提倡父母作为终身学习的实践者和榜样

当前的亲职教育研究在对象划分上尚不够细致，特别是在 0~3 岁幼儿家长亲职教育方面存在明显的研究空白。[③]虽然已有不少关于 3~6 岁儿童家长亲职教育的研究，但个体差异和家庭差异等因素对亲职教育需求的影响仍未得到充分关注。[④] 教育是具有长期性、延后性的，加强 0~6 岁幼儿父母的亲职教育应该成为未来亲职教育发展的重要方向。父职教育缺失也是一个亟待解决的难题。目前的研究多着眼于揭示"父职教育缺失"的现状，却鲜少有人深入挖掘其潜在后果和解决方法。[⑤]亲职教育的初衷是希望协助父母扮演好亲职角色，除提升父母育儿技巧、增进亲子关系之外，更强调促进父母本身的成长与自我觉察，故引导父母参与到亲职学习中来、发挥其主观能动性是亲职教育的一个重要目的。父母这个岗位是具有创造

---

① 郭莉萍：《高职学前教育专业服务社区家长亲职教育存在的问题及对策》，《西部素质教育》2020 年第 6 期。

② 田栋天：《我国学前儿童亲职教育研究》，硕士学位论文，四川师范大学，2011。

③ 刘伟民、袁嫣孜、倪萍：《幼儿家长亲职教育：现实困境与推进对策》，《桂林师范高等专科学校学报》2020 年第 4 期；杨梦萍、胡娟：《3-6 岁幼儿家长亲职教育参与现状及需求研究——以苏州市为例》，《教育理论与实践》2020 年第 29 期。

④ 赵秀坤、程秀兰：《基于家庭亲职教育需求的幼儿入园适应研究》，《陕西学前师范学院学报》2018 年第 3 期。

⑤ 蔡玲：《父亲参与亲职的影响因素研究——基于生态系统论视角的实证分析》，《社会科学动态》2018 年第 6 期；刘薇薇：《家园互动，探索父亲参与亲职教育的有效策略》，《河南教育（教师教育）》2023 年第 8 期。

性的，且必须实时更新，有必要将亲职教育纳入父母终身教育的计划，做到"活到老，学到老"。

（编辑：王艳芝）

Parenting Education for Preschool Children: Challenges and Strategies

TIAN Maoye, *ZHAO Lifen*

（Ginling College, Nanjing Normal University, Nanjing, Jiangsu 210097, China）

Abstract: Parenting education forms the bedrock of family upbringing. Early parental education for young children (0－6 years) in China plays a pivotal role in nurturing their holistic development, fostering robust parent-child relationships, and promoting positive social interactions. This paper explores the current landscape and challenges in parenting education among parents of young children. Findings reveal crucial insights: lack of consensus on the essence of parenting education, inadequate understanding of parenting education, minimal paternal involvement, restricted interactive and personalized activities impeding parenting education, limited focus on rural areas and specific groups, and insufficient research on 0－3-year-old parenting education. These challenges also present development opportunities. Strategies to advance parenting education include longitudinal planning, policy support, collaboration among families, educational institutions, and communities, addressing marginalized groups' needs, enhancing teacher training and curriculum development, encouraging parents' lifelong learning in parenting, and addressing the issue of paternal absence. These efforts could guide and bolster future parenting education.

Keywords: Preschool Children; Early Childhood Education; Parenting Education

推动家政服务业融合创新发展

——首届家政博览会会议综述

梅　正　黄曦颖　吴　斌

（中国城市和小城镇改革发展中心，北京100045）

摘　要： 2019年6月26日，国务院办公厅发布了《关于促进家政服务业提质扩容的意见》，标志着中国家政服务业提质扩容时期的到来。2022年，国家发展改革委连续发布《"十四五"扩大内需战略实施方案》《关于推动家政进社区的指导意见》等文件，着重提出创新家政产业链和供应链，促进全产业链融合创新发展。家政产业链、供应链融合创新，已成为进一步推进家政服务业提质扩容工作的重要抓手，具有重要的研究意义。2023年4月28~30日，首届家政博览会在北京举行，由国家发展改革委城市和小城镇改革发展中心主办，聚焦家政"领跑者"行动、社区便民服务、养老育幼、医疗护理、家政产业链融合等内容。本文总结了家政行业现状以及融合发展趋势，梳理了"2023首届家政博览会"等重要会议的重要观点和有关建议。

关键词： 家政博览会；家政服务业；提质扩容

作者简介： 梅正，中国城市和小城镇改革发展中心助理研究员，主要研究方向为家政服务业、城市数字化转型；黄曦颖，中国城市和小城镇改革发展中心助理研究员，主要研究方向为城市数字化转型；吴斌，中国城市和小城镇改革发展中心副研究员，主要研究方向为区域经济、城乡融合。

习近平总书记强调，家政服务业"既满足了农村进城务工人员的就业需求，也满足了城市家庭育儿养老的现实需求，要把这个互利共赢的工作做实做好，办成爱心工程"①。我国家政服务业经历40年的发展，从萌芽期到缓慢期、快速发展期等，逐渐从体量的增长到结构的转变再到量质并

①　新华社中央新闻采访中心编《直通两会2018（视频书）》，人民出版社，2018，第84页。

举的状态。截至 2022 年，家政服务市场规模持续增长，进入了万亿级市场行列，从业人数超过了 3800 万人，实现了 100 万人以上人口的城市家政实训能力全覆盖，全国 120 余所院校开设家政相关专业，建成 3.3 万多个社区家政服务网点。① 在经济新常态的大背景下，家政服务业也进入结构过渡阶段，随着人口老龄化，居民消费水平逐步提高，国家政策持续推动，AI、VR 等新型技术发展与家政机器人智能化产品迭代升级，家政服务业逐渐由"内向发展"转向"外延融合"，家政服务业的定义以及市场格局也将被重塑。2022 年，国家发展改革委连续发布《"十四五"扩大内需战略实施方案》《关于推动家政进社区的指导意见》等文件，着重提出创新家政产业链和供应链，促进全产业链融合创新发展。家政产业链、供应链融合创新，是进一步推进家政服务业提质扩容工作的重要抓手，成为推进家政服务业高质量发展的风向标。

一　会议概况

2023 年 4 月 28~30 日，首届家政博览会在北京举行。本届家政博览会由国家发展改革委城市和小城镇改革发展中心主办，以"大家政、新市场、僖生活、福产业"为主题，包括 1 个主论坛和 5 个主题分论坛，展会总面积近 15000 平方米，共有 18 个城市（城区）、10 余家行业头部企业参展，不同规模的参展企业近 300 家。本届家政博览会重点聚焦家政"领跑者"行动、社区家政服务、居家养老育幼、医疗护理、家政产业链融合等内容，开展了论坛交流、政策解读、展览展示、成果发布、互动体验等近20 场活动，现场出席活动的嘉宾覆盖家政全产业链的政、商、学、研、媒等各界人士，累计到场观众 5 万余人次。

4 月 28 日上午，主题为"推动家政服务业提质扩容，共筑人民美好生活"的主论坛在博览会上隆重召开。国家发展改革委党组成员、副主任李春临，民政部原党组成员、副部长詹成付，全国妇联书记处书记、党组成

---

① 资料来源：根据国家发展改革委有关会议整理。

员杜芮出席并致辞，商务部、人力资源和社会保障部、教育部、国家卫生健康委相关司局负责同志参与并发表演讲。来自中国工程院、中国劳动学会、中国国际经济交流中心等单位的知名专家，进行了深入的交流分享。

会议强调，高质量的家政服务供给对千家万户的福祉至关重要。为此，要深入贯彻党的二十大精神以及习近平总书记关于家政服务业的重要论述，着力解决家政服务领域的"小切口"问题，满足民生"大需求"。论坛聚焦在家政服务的"提质"和"扩容"上，呼吁提高从业人员的职业操守和技能水平，通过有序分类发展家政服务员工制，推动家政社区一体化发展，倡导志愿、互助、共享服务，以扩大"家门口"家政服务供给，保障家政从业人员的合法权益，推动家政服务行业实现高质量发展。

博览会以打造服务观念更新的推广平台、民生热点服务的展示平台，以及行业内外联动的创新平台为目标。博览会期间，发布了《中国城乡改革发展前沿报告2022》。分论坛主题涉及"未来家政服务业发展""美好生活构筑""家政行业职业化发展和劳动者权益保障""家政产教融合""家政信用建设"等。来自全国18个城市（城区）的代表以及家政服务领域近300家知名企业参与博览会，共同展示了家政服务业的最新成果，包括服务、产品、工艺和科技等，呈现了家政服务业的新面貌。博览会在交流中聚集了智慧，获得了广大人民群众的关注，成为一场深受欢迎的"接地气"的盛会。

二 重要观点集锦

国家发展改革委党组成员、副主任李春临，民政部原党组成员、副部长詹成付，全国妇联书记处书记、党组成员杜芮，中国国际经济交流中心副理事长王一鸣，国务院参事室特约研究员、中国劳动学会会长杨志明，中国工程院院士李玉等出席论坛并讲话，商务部、教育部、人力资源和社会保障部、国家卫生健康委相关司局负责同志参加并发言。参会各方一致认为，本届家政博览会是一个服务观念更新的推广平台、民生热点服务的展示平台和行业内外联动的创新平台。

国家发展改革委副主任李春临在开幕致辞中指出，推动家政服务业高质量发展，是积极应对人口老龄化国家战略，提高人民生活品质的重要举措。当前，我国有2亿多老年人，近1亿儿童和8000万残疾人，高质量居家照护，可以帮助他们中的一些人走出脱贫不解困的境地，随着我国老龄化程度加深、家庭小型化、生育政策优化，以及生活水平的逐步提升，人民群众对家政服务的需求将会进一步释放，想群众之所想，急群众之所急，推动家政服务业高质量发展，是我们时时要关注的民生大事。推动家政服务业高质量发展是实施就业优先战略，促进全体人民共同富裕的重要内容。家政服务业常年排最缺工的职业前10名，长期供需缺口在千万以上。培训一个人，就业一个人，幸福两家人。推动家政服务业提质扩容，既可以满足农村劳动力转移就业的需要，又可以吸纳城市未就业群体实现"家门口"的就业，还可以为高校毕业生搭建就业创业平台，带动城乡居民致富增收，推动实现共同富裕。推动家政服务业高质量发展，是实施扩大内需战略，建设国内强大市场的重要手段。家政服务涉及20多个门类、200多个服务项目，产业链、供应链长，延展性强。

民政部原党组成员、副部长詹成付表示，民政工作关系民生、联系民心，民政与家政息息相关。我们民政部门所服务的困难群体，2.8亿人为老年人，8500万人为残疾人，几百万人为失能无人抚养儿童、特殊儿童和孤儿等特殊群体，他们对生活照料、居家护理、关爱服务等有着十分强烈的需求，这也为家政服务业发展提供了广阔的舞台。多渠道搭建家政与民政对接的平台，推动家政服务业向民政领域延伸和拓展，推动家政服务业与民政工作深度融合发展的前景十分广阔，意义十分重大。

全国妇联书记处书记、党组成员杜芮表示，家政服务市场规模持续扩大，进入了万亿级市场行列，从业人数超过了3800万人。家政服务业已成为推动经济发展的新动能和民生经济新的增长点。全国妇联是促进家政服务提质扩容部际联席会议成员单位，历来高度重视且积极推进家政服务业的发展。近年来，全国妇联多次举办全国巾帼家政服务职业风采大赛、巾帼家政职业经理人培训，开展最美家政人系列宣传活动，推动制定家政标准等，为助力家政提质扩容做了大量的工作，培养了一大批家政行业的管理人才和高技能人才，选出了一大批巾帼家政品牌企业和优秀家政服务员，营造了诚实守信的行业氛围。

中国国际经济交流中心副理事长王一鸣表示，家政服务业近年来差不多以年均25%以上的速度在增长，粗略的估算，从业人员已经超过3000万人，有人说大概到了3800万人，正在成为扩大内需、增加就业和扶贫脱贫的重要力量。与市场旺盛的需求相比，家政服务不论从行业规模还是服务的质量来说，还存在较大的缺口。家政服务有几个方面需要完善。一是家政服务的政策体系还需要进一步完善。涉及提升行业质量的一些具体化的政策，还有待进一步健全。二是家政服务业、家政企业总体上看还是小散乱的。小微企业居多，格局分散，有影响力的龙头企业比较少，这个问题相对突出。三是家政服务从业人员素质总体上有待提升。尽管社会对高素质的家政服务需求的增加非常迅猛，但是总体上来看家政服务还是以初中以下受教育程度，平均年龄在50岁左右的农村女性为主，只有一半人接受过培训，年轻从业者相对较少，要提质，必然要提高从业人员的素质。四是家政服务的标准亟待完善。服务标准、收费标准、质量标准的完善对家政服务业的规范化、标准化、专业化是尤为紧迫的事。五是家政服务业行业发展有待规范。有些消费者不了解家政服务企业信用等级，家政服务人员个人的信用状况、健康状况等，监管部门难以实施有效的监管。这些都是未来行业发展需要解决的问题。

国务院参事室特约研究员、中国劳动学会会长杨志明表示，当前家政服务发展面对经济恢复中诸多不确定性冲击叠加的挑战，面对不少地方发展数字赋能家政人才的短板挑战，也面对诸多家政服务企业数字化转型纷纷而起的市场挑战。因此要加快家庭服务技能人才的创新。他认为在家庭服务中要"两才"并重，以往是技术人员比较多，下一步家庭服务优秀人员的纵向提升是要成为技能人才。中国劳动学会的课题研究显示，中国将进入高技能人才引领的"技工时代"，将从"人口红利"向"技能红利"转变，将从人力资源向人力资本跃升，吸引越来越多的中生代，当然有可能吸引到新生代，让他们觉得学习新技术、新技能好就业，掌握技术、技能多收入。

中国工程院院士李玉表示，截至 2021 年底，我国家政服务业市场规模超过了 1 万亿元，未来家政服务业必将对我国城镇经济发展发挥重要的拉动作用，成为新时代我国发展新的增长点。从最初的萌芽起步，到扩张发展，再到"互联网+家政"遍地开花，家政服务业的飞跃式发展有目共睹。可以预见，中国家政服务业将不断朝向专业化、规模化、网络化、规范化发展，专业化、高学历的家政从业人员将更受青睐。

商务部服务贸易和商贸服务业司副司长朱光耀表示，第一，深入推进家政信用体系建设。将继续完善家政信用体系平台，上线国家政务服务平台统一身份验证，对家政服务员开展信用评级赋能，方便消费者直观查验。第二，接续开展家政兴农行动。在加强供需对接、强化人员培训、加大公共资源投入力度、完善就业保障等各方面持续推进家政兴农行动，开展家政服务招聘季活动，支持符合条件的家政企业贷款直播，提升供需对接效果。第三，着力加大家政标准化工作力度，健全家政服务标准体系。增强家政服务领域标准示范能力，持续提升家政服务标准化水平，使消费者安心、舒心消费，更好提振和扩大家政服务消费。

人力资源和社会保障部农民工工作司副司长林淑莉表示，要持续加大就业政策支持，落实"助企纾困，援企稳岗"等支持政策，助力家政企业发展，持续深化家政劳务对接行动，以家政劳务品牌建设为载体，加大有组织劳务输出，引导更多的农村转移劳动就业者到家政服务领域就业营收。持续开展家政服务培训，创新培训方式，扩大培训规模，大力提升从业人员技能水平，推动家政服务职业化发展，持续加强用工指导，推动员工制家政企业发展，依法维护从业人员劳动和社会保险权益。

教育部职业教育与成人教育司副司长李英利表示，一是支持家政相关专业设置。引导各地对接产业需求，优化专业布局结构，指导普通高校和职业院校积极开设家政相关专业。二是丰富家政相关专业教学资源。整合上线国家职业教育智慧教育平台，促进家政服务领域优质教育教学资源共建共享。三是深化产教融合。校企联合培养，实施教育部产学协作项目，以产业技术发展的最新需求，推动高校人才培养能力提升。目前中职、高职、职教本科和普通本科的专业目录中已设置现代家政管理、家政学等数十个相关专业，分别有 3300 余所中职学校、1200 余所高职学校、21 所职教本科学校、21 所普通本科学校开设了家政服务相关专业，共计开设相关专业点 8600 多个。

国家卫生健康委人口家庭司监察专员杜希学表示，随着三孩政策的实施，婴幼儿照护服务、托育服务成为家庭的刚需。目前，我国有 3 岁以下婴幼儿 3200 万人，三成的婴幼儿家庭有强烈的入托需求，但实际入托率仅为 6%，增加普惠托育服务供给迫在眉睫。下一步，我们将推动各级各部门积极行动，补齐婴幼儿照护服务短板，促进家政服务提质扩容高质量发展，切实提高人民群众的获得感和满意度。

英国商业贸易部原驻华贸易使节 John Edwards（吴侨文）表示，专业人员在家照顾老人，这将大大减轻医院的负担，通过对家庭护理、托育专业人员教培的投入，将大大提高家庭服务以及个人护理的质量。英国在职业技术教育与培训（TVET）方面有较完善的体系，在养老服务方面有一些经验。老年护理不仅是陪伴，还包括提供与他们身心健康有关的帮助，政府设有专门的预算来开发智能家居方案和专业人才培训，以确保护理人员为老年人提供所需的帮助。同时，家庭服务通过采用创新技术和实践，促进人们健康生活、降低医疗成本、提高社会整体福祉，创造了数百万的新生就业岗位，为成千上万的人提供了就业机会，为经济增长提供了动力。

三　研讨的主要问题

与会嘉宾从不同视角和维度，分享对行业当下发展的感想，提出对家政服务行业发展的建议和未来发展的展望。

（一）家政服务业的提质扩容

1. 高质量的家政服务供给增进民生福祉

在"2023 首届家政博览会"上，国家发展改革委副主任李春临指出，我们要深刻领会习近平总书记的重要指示精神，既要从推动中国式现代化的高度，充分认识促进家政服务业提质扩容的重要意义，又要从解决人民群众急难愁盼问题的立场出发，务求实效推动家政服务业高质量发展。要深入贯彻落实党的二十大精神和习近平总书记关于家政服务业的重要论述，抓好家政"小切口"，满足民生"大需求"，聚焦家政服务提质与扩容，提高从业人员职业操守和技能水平，分类有序发展家政服务员工制，扩大"家门口"家政服务供给，推动家政服务行业高质量发展。

2. 数字技术推动家政行业提质扩容增效

国务院发展研究中心原副主任、中国国际经济交流中心副理事长王一鸣指出，家政服务业在政策体系、发展规范、行业标准等方面还有待完善，需要搭建公共服务平台，加强对行业的顶层设计与统筹规划，提高各部门协作效率，对行业进行有效监管。国务院参事室特约研究员、中国劳动学会会长、人力资源和社会保障部原党组副书记、副部长杨志明指出，面对从业人员结构调整带来的人才供给不足和行业数字化转型对中小企业传统运营模式冲击的挑战，要加快数字赋能家政的机制、数字赋能的技术、产业融通和场景应用、数据赋能家政的环境等方面的创新，通过数字技术力量提升消费与供给的对接、耦合，衍生出更多应用场景和服务。

3. 家政服务业融合发展的政策方向

商务部服务贸易和商贸服务业司表示，商务部将会同相关部门在深入推进家政信用体系建设、继续开展家政兴农行动、着力加大家政标准化工作力度三个方面继续完善家政支持政策。国家卫生健康委人口家庭司表示将继续推动各级、各部门积极行动，补齐婴幼儿照护服务短板，促进家政服务提质扩容高质量发展。教育部职业教育与成人教育司表示，教育部职业教育与成人教育司将聚焦包括家政服务业在内的现代服务业、现代制造业、现代农业等国家重点产业，组建一批国家级职业教育核心能力建设专家团队，打造一批核心课程优质教材、教师团队、实践项目，不断加强专业建设，有效提高人才培养质量。人力资源和社会保障部农民工工作司表示，人力资源和社会保障部将在促进就业、提升从业人员职业技能、打造家政劳务品牌、推动员工制企业发展等方面加大政策支持力度。

（二）家政服务业的产业融合

1. 以标准化引领家政服务品质升级

全国家政服务标准化技术委员会主任委员郭大雷提出，开展标准制定工作，重点聚焦新业态跨界融合以及新概念、新模式的定义等方面，要从全产业链的角度构建服务机构、从业人员、社会中介、宣传，以及监督等各个方面的标准化试点和示范单位。厦门市发展改革委党组副书记、副主任傅如荣认为，强化标准建设，应鼓励家政服务标准化，采用规范化员工制模式，通过服务产品化，不断拓宽家政行业的边界，打造标准化的家政服务产品。阳光大姐董事长卓长立提出，家政行业离不开标准化的充沛力量，未来家政行业拥抱数字化的同时仍离不开标准化，"服务有标准，满意无止境"。标准的关键是要关乎相关利益方的责任、权利、义务，标准的结果是带来效益和效率，标准化的八大方针就是"简化、统一、协调、优化"。美团生活服务行业总经理唐建军提出，通过服务人员小程序，把服务人员整体的服务记录和征信信息以及过往的信息都集中在个人信息上进行展示，这些信息在服务人员去服务任何一家公司、任何一个用户时都能进行呈现和持续积累，用最快的速度让小、散的家政企业达到最基础的服务标准。

2. 以职业化为抓手提升从业者获得感

河北师范大学家政学院院长李春晖表示，家政的职业化不仅需要高质量的人才供给，也需要提升职业素养和职业观念，在职业教育中还应加强心理学、教育学、管理学等方面的培训。天鹅到家党委书记、副总裁庞成军认为，家政行业做好的前提和基础一定是让劳动者感觉到有归属感、有获得感，让他们感到满意和开心，不断完善就业前、就业中、就业后三个层面的保障体系，加强劳动者的权益保障。轻喜到家联合创始人翟继宝提出，家政行业职业化的 2.0 就是要为每一个从业人员建立一份像白领一样涵盖学习、上班全生命周期的简历，开启在线视频培训课程和职业生涯规划课程，为从业人员提供一套学习和培养的路径。国民养老保险公司品宣的负责人莫杨提到，国民养老保险公司可以和家政企业进行联合，对保险产品进行更有专属性的设计，满足保洁、家政人员的养老需求，加强从业人员职业发展保障，让他们更有安全感、更有稳定感。

3. 以信用平台为支撑建立健全约束与激励机制

国家发展改革委财金司副司长赵怀勇表示，当前我国家政服务业诚信缺失问题仍然较为突出，隐瞒真实信息、偷盗雇主钱财、伤害老幼病残等案件时有发生，部分家政企业以不正当宣传哄抬价格、虚假宣传手段误导消费者等。要从完善家政行业信用记录、完善信用管理制度、支持家政企业发展壮大、加强诚信教育和培训等方面推动诚信环境建设，促进家政行业提质扩容。商务部国际贸易经济合作研究院信用研究所所长韩家平认为，在数字时代要大力推进家政服务的信息平台建设，健全职业的准入标准和信用约束机制，推动平台信用信息和政府公共信用平台双向的融合互动，探索建立行业的信用信息交换共享机制。北京市发展改革委党组成员、副主任李晓涛介绍了北京市开展信用建设的具体实践，以商务部家政服务信用信息平台为依托，引导在京从业人员登录平台完善信用记录，从源头加强信用管控，目前北京市在该平台注册了322家家政服务企业，建立了31万余名家政服务人员的信用档案，居全国首位。

4. 以产教融合为牵引构建"四链"服务新业态

中国工程院院士李玉指出，产教融合应当以匹配市场、激发市场活力为目的，不仅要培养技术能力，还要有专业视野和价值观，吉林农业大学将与兄弟院校共同持续深化产教融合机制建设，立足产业需求，探索人才培养的新模式。国家发展改革委社会发展司副司长、一级巡视员彭福伟表示，产教融合推动家政服务业与教育密切结合，相互支持、相互促进，形成了职业学校应用型本科院校与家政企业浑然一体的办学模式，为培养高水平的家政服务技能人才提供了有力支撑。要构建校职利益发展共同体，畅通人才多样化立交桥，树立产教融合的风向标，通过员工制转型升级的方式，推动家政企业职业化、规范化发展。泉州市发展改革委党组成员周明星指出，泉州在"晋江经验"的引领下，通过了政府引导，家政企业带头，职业院校协同联动，合力搭建了家政行业人才培养体系，促进了家政服务的教育链、人才链与产业链、创新链的有机衔接，以产教融合赋能，推动了家政企业的品牌化、家政行业的专业化、人员的职业化、服务的规模化、管理的规范化。

5. 以完善产业发展要素为准绳加强补链强链建设

要充分发挥金融对家政产业融合的促进作用，张智慧对上海市家政公司实践提出了金融资本和互联网技术联合推动的平台形式，使家政业中长期存在的三角关系——家庭客户、家政服务员和小家政公司，被整合为"家庭客户、家政服务员、家政公司、平台"新型四方关系，金融资本进入家政产业之后，改变了原先以零星分散的中介型家政公司之间自由竞争占主导地位的产业模式，形成了等级化的"金融照料链条"。章友德认为，新型家庭产业将由传统家政行业与产业的上下游构成，但家庭产业的上、中、下游都还未建立健全的发展路径和行业准则，有待进一步探索。传统家政企业需要六大赋能，分别是研究咨询赋能、品牌标准赋能、教育培训赋能、数据应用赋能、资本投资赋能和产业联动赋能。要加强家政法制化建设，黄磊认为法治化建设最终营造的是行业规范化发展的良好环境，规范家庭服务经营行为，有助于形成供需各方相互信赖、安全可靠的市场环境。上海在全国率先推动家政行业立法，对全国其他地区具有借鉴意义。

（三）未来家政发展的趋势

1. 跨界融合将是未来家政新的生命力

国家发展改革委社会发展司司长刘明表示，未来家政服务业要掀起新一轮发展热潮，其中一个关键环节是要主动适应市场变化，打通供应链产业链上下游，推动行业内外联动融通，培育消费新热点、新业态和新模式，实现联动发展、可持续发展。未来家政发展将呈现规范化、品牌化、职业化、社区化、智能化、融合化六个方面的趋势。中国城市和小城镇改革发展中心主任高国力表示，未来家政服务业发展要重点做好四个"新"，即以数字赋能为切入点，创建家政服务"新模式"；以跨界融合为增长点，开辟家政市场"新蓝海"；以标准建设为支撑点，树立行业发展"新标杆"；以满足多样化需求为落脚点，提升服务供给"新质效"。国家康复辅具研究中心党委书记郑远长指出，随着人口老龄化程度的加深，科学技术的持续进步。家政行业与养老助残行业将加速融合，产生新的服务范式，提供新的服务工具和手段。

2. 大数据、AI、VR 等智能技术拓展家政新的应用

中国社科院研究员杨虎涛指出，数字技术能够帮助家政服务业进行分拆与合作，家政服务业会随着数字化的分工慢慢提高服务业的效率，使之不光成为吸纳就业的渠道，也成为有效提升经济质量的方式，改进我们劳动生产力的重要渠道。58 同城副总裁李子健提到，通过技术力量能够让用户享受更好的家政服务，比如，推出随叫随到服务，通过平台海量数据和大数据算法派单，能够做到最快 1 小时上门。此外，通过技术力量，可以帮助劳动者提高生产效率，让劳动者获得更多的收入和更好的尊重，如擦墙机器人和户外机器合作极大降低阿姨在擦玻璃时的安全隐患。厨艺达科技有限公司总经理洪淦檩做了全自动智能炒菜机器人的新品发布，提出了"根据偏好自动生产菜谱编程+集中式工厂处理食材洗配+全自动炒菜"的新助餐模式，可广泛适用于未来老龄化社区的老年食堂。英国管家协会服务集团大中华区首席代表郭亮介绍了的家政数字化 VR（虚拟现实技术）教室，提出了家政教学配备 VR 眼镜，只需要动动嘴（语音）或者手指，甚至是转动眼球即可控制，无缝链接现实与虚拟世界，突破传统家政实训场地的限制、视频教学的互动限制，可随时随地进行个性化学习。

结　语

本次家政博览会是国内首个以"家政"为主题的专业博览会，旨在表现家政服务行业的新形势、新业态、新动向，进一步推动家政服务业的提质扩容，促进家政行业的高质量发展。博览会聚焦促进家政企业员工制转型、推进家政进社区、发展普惠养老和托育服务等热点话题，举办多场以未来家政、家政信用建设、产教融合、员工制家政、国际品质生活为主题的平行论坛。这为代表单位、"领跑者"城市代表、专家学者、企业代表等提供了一个深入探讨家政服务业发展趋势、面临问题及解决途径的平台。

为充分发挥"领跑者"城市示范引领作用，博览会总结推广有益经验和积极做法，推动家政服务业的高质量发展。其间，32 个"领跑者"城市分享了关于营商环境、员工制家政企业发展情况、家政进社区等多方面的典型案例，通过多种方式在全国范围内对家政服务业进行宣传推广。此外，博览会期间，主办方举办了"家政体验周"和主题座谈会，促进了各地方之间的家政经验交流，强化了家政服务业对产业链的赋能作用。博览会还打造了养老服务、托育服务、母婴护理、家庭健康、维修保洁等多元化消费新场景，满足了消费者的个性化、多样化、高品质需求。

（编辑：王婧娴）

Promoting the Integration and Innovative Development of the Household Service Industry: A Review of the First Housekeeping Expo

MEI Zheng, *HUANG Xiying*, *WU Bin*

（China Center for Urban Development, Beijing 100045, China）

Abstract: On June 26th, 2019, the General Office of the State Council issued The Opinions on Promoting the Upgrading and Expansion of Domestic Service Industry, marking the arrival of the upgrading and expansion period of the domestic service industry in China. In 2022, the National Development and Reform Commission successively issued documents such as The Implementation Plan for the Strategy of Expanding Domestic Demand in the 14th Five-Year Plan, and The Guiding Opinions on Promoting the Introduction of Household Service into Communities. These documents emphasize "innovating the industry and supply chain of the household service sector, and promoting the integration, innovative development of the whole industrial chain." The integration and innovation of the industry and supply chain of the household service sector has become an important starting point for further promoting the upgrading and expansion of the household service industry. On April 28−30, 2023, the First Housekeeping Expo was held in Beijing, sponsored by the China Center for Urban Development, National Development and Reform Commission. It focused on topics such as the "Top Runner" Program, community convenience services, elderly care and childcare, medical care, and the integration of industry chains in the household service sector. This paper summarizes the current situation and integration trend of the household service industry, combs the important opinions and suggestions of the First Housekeeping Expo in 2023.

Keywords: Housekeeping Expo; Domestic Service Industry; Qudity Improvement and Capacity Expomsion

《家政学研究》集刊约稿函

《家政学研究》以习近平新时代中国特色社会主义思想为指导，秉持"交流成果、活跃学术、立足现实、面向未来"的办刊宗旨，把握正确的政治方向、学术导向和价值取向，探究我国新时代家政学领域的重大理论与实践问题。

《家政学研究》是由河北师范大学家政学院、河北省家政学会联合创办的学术集刊，每年出版两辑。集刊以家政学理论、家政教育、家政思想、家政比较研究、家政产业、家政政策、养老、育幼、健康照护等为主要研究领域。欢迎广大专家、学者不吝赐稿。

一、常设栏目（包括但不限于）

1. 学术前沿；

2. 热点聚焦；

3. 家政史研究；

4. 人才培养；

5. 国际视野；

6. 家庭生活研究；

7. 家政服务业；

8. 家政教育。

二、来稿要求

1. 文章类型：本刊倡导学术创新，凡与家政学、家政教育相关的理论研究、学术探讨、对话访谈、国外研究动态、案例分析、调查报告等不同形式的优秀论作均可投稿。欢迎相关领域的专家学者，从本学科领域对新时代家政学的内容体系构建和配套制度建设方面提出新的创见。

2. 基本要求：投稿文章一般 1.0 万~1.2 万字为宜，须未公开发表，内容严禁剽窃，学术不端检测重复率低于15%，文责自负。

3. 格式规范：符合论文规范，包含：标题、作者（姓名、单位、省市、邮编）、摘要（100~300字）、关键词（3~5个）、正文（标题不超过3级）、参考文献（参考文献采用页下注释体例，参考文献和注释均为页下注，每页从排编序码，序号用①②③标示；五号，宋体，其中英文、数字用 Times New Roman 格式，悬挂缩进1个字符，行距固定值12磅）、作者简介等。

附：标题，小二号，宋体加粗，居中，段前17磅，段后16.5磅。作者姓名及单位用四号，楷体，居中，行距1.5倍。"摘要、关键词、作者简介"用中括号【】括起来，小四号，黑体，"摘要、关键词、作者简介"的内容用小四号，楷体，1.5倍行距。

正文标题的层次为"一……（一）……1.……"，各级标题连续编号，特殊格式均为首行缩进2字符。一、四号，黑体，居中，行距1.5倍；（一）小四号，宋体加粗，行距1.5倍；首行缩进2字符；1.小四号，宋体，行距1.5倍，首行缩进2字符；正文为小四号，宋体，行距1.5倍。

具体格式可参考中国知网本刊已刊登论文。

4. 投稿方式：

邮箱投稿：jzxyj@ hebtu. edu. cn

网址投稿：www. iedol. cn

5. 联系电话：0311—80786105

三、其他说明

1. 来稿请注明作者姓名、工作单位、职务或职称、学历、主要研究领域、通信地址、邮政编码、联系电话、电子邮箱地址等信息，以便联络。

2. 来稿请勿一稿多投，自投稿之日起一个月内未收到录用或备用通知者，可自行处理。编辑部有权对来稿进行修改，不同意者请在投稿时注明。

3. 本书可在中国知网收录查询，凡在本书发表的文章均视为作者同意自动收入 CNKI 系列数据库及资源服务平台，本书所付稿酬已包括进入该数据库的报酬。

《家政学研究》编辑部

图书在版编目（CIP）数据

家政学研究. 第 3 辑 / 河北师范大学家政学院，河北省家政学会主编. -- 北京：社会科学文献出版社，2024.5

ISBN 978-7-5228-3597-6

Ⅰ. ①家… Ⅱ. ①河… ②河… Ⅲ. ①家政学-研究 Ⅳ. ①TS976

中国国家版本馆 CIP 数据核字（2024）第 086070 号

家政学研究（第 3 辑）

主　　编 / 河北师范大学家政学院　河北省家政学会

出 版 人 / 冀祥德
责任编辑 / 高振华
文稿编辑 / 陈丽丽
责任印制 / 王京美

出　　版 / 社会科学文献出版社 · 生态文明分社（010）59367143
　　　　　地址：北京市北三环中路甲 29 号院华龙大厦　邮编：100029
　　　　　网址：www.ssap.com.cn
发　　行 / 社会科学文献出版社（010）59367028
印　　装 / 三河市东方印刷有限公司

规　　格 / 开　本：787mm×1092mm　1/16
　　　　　印　张：12.5　字　数：192 千字
版　　次 / 2024 年 5 月第 1 版　2024 年 5 月第 1 次印刷
书　　号 / ISBN 978-7-5228-3597-6
定　　价 / 88.00 元

读者服务电话：4008918866